现代数控技术
及其发展研究

陈君宝　　袁海兵◎著

中国水利水电出版社
www.waterpub.com.cn

·北京·

内 容 提 要

本书系统全面地论述了数控技术的有关内容,突出了内容的先进性、技术的综合性,并力图将数控技术理论与本学科发展的相关新技术、新方法有机地融合。

本书以数控车削加工、数控铣削加工为重点,紧紧围绕现代加工技术的中心环节,详细阐述了市场上广泛使用的 FANUC 系统手工编制程序的步骤和方法,同时对自动编程也做了简要说明。

本书结构合理,条理清晰,内容丰富新颖,可供从事机床数控技术的工程技术人员、研究人员参考。

图书在版编目(CIP)数据

现代数控技术及其发展研究/陈君宝,袁海兵著.
—北京:中国水利水电出版社,2017.8(2022.9重印)
ISBN 978-7-5170-5782-6

Ⅰ.①现… Ⅱ.①陈… ②袁… Ⅲ.①数控技术—研究 Ⅳ.①TP273

中国版本图书馆 CIP 数据核字(2017)第 210575 号

书　　　名	现代数控技术及其发展研究 XIANDAI SHUKONG JISHU JI QI FAZHAN YANJIU
作　　　者	陈君宝　袁海兵　著
出 版 发 行	中国水利水电出版社 (北京市海淀区玉渊潭南路 1 号 D 座 100038) 网址:www.waterpub.com.cn E-mail:sales@waterpub.com.cn 电话:(010)68367658(营销中心)
经　　　售	北京科水图书销售中心(零售) 电话:(010)88383994、63202643、68545874 全国各地新华书店和相关出版物销售网点
排　　　版	北京亚吉飞数码科技有限公司
印　　　刷	天津光之彩印刷有限公司
规　　　格	170mm×240mm　16 开本　16.75 印张　300 千字
版　　　次	2018 年 1 月第 1 版　2022 年 9 月第 2 次印刷
印　　　数	2001—3001 册
定　　　价	75.00 元

凡购买我社图书,如有缺页、倒页、脱页的,本社营销中心负责调换

前　言

在现代制造系统中,数控技术及数控加工是关键技术,它集微电子技术、计算机、信息处理、自动控制、自动检测等高新技术于一体,具有高精度、高效率、柔性自动化等优点,对于制造业实现集成化、智能化及产业升级换代具有不可替代的重要作用。现代数控技术的发展水平真正体现了一个国家机械工业自动化的水平与实力,是衡量一个国家先进制造水平和制造企业技术实力的重要标志。现代数控技术的不断开发研究对于国民经济各行业、国防、科技的现代化具有重要的意义,在科技不断发展和多学科广泛交叉作用中,数控技术的内涵与外延将进一步丰富和扩展,对于提升现代化装备的技术水平会发挥越来越重要的作用。

全书共分 9 章。第 1 章为数控技术概论,主要介绍了数控机床的组成与功能、分类与加工特点,以及现代数控技术在机械制造中的应用与发展;第 2 章为数控加工工艺基础,介绍了数控加工的工艺处理、数控机床的刀具与使用、数控编程的基础知识以及典型零件数控加工工艺;第 3 章为数控车床编程与加工技术,介绍了数控车削加工工艺处理、数控车床编程、数控车床加工技巧以及数控车削加工实例;第 4 章为数控铣床编程与加工技术,介绍了数控铣削加工工艺处理、数控铣床编程、数控铣床加工技巧以及数控铣床加工实例;第 5 章为数控加工中心编程与加工技术,介绍了数控加工中心的工艺处理、加工中心编程、加工中心操作技巧以及操作实例;第 6 章为数控电火花线切割编程与加工技术,介绍了数控电火花线切割加工工艺处理、数控电火花线切割编程、操作技巧以及加工实例;第 7 章为其他现代数控特种加工技术的发展,介绍了超声加工、数控激光加工、数控电火花成型加工以及复合加工技术;第 8 章为伺服驱动系统及位置检测装置,介绍了伺服控制原理、速度控制、伺服驱动控制系统的典型应用以及常用位置检测装置;第 9 章为数控机床的机械结构,介绍了数控机床的结构及性能实现、数控机床的进给运动及传动机构、数控机床的主传动系统及主轴部件、数控回转工作台。

本书具有以下特点：

(1)内容丰富，突出重点

本书突出数控编程这一主线，紧紧围绕现代加工技术的中心环节，详细阐述了市场上广泛使用的 FANUC 系统手工编制程序的步骤和方法，同时对自动编程也做了简要说明。本书对编程要求的零件加工工艺、刀具等方面的知识也做了适当的介绍，有助于读者较好地掌握数控机床编程技术基础知识。

(2)针对性强，适用面广

本书以数控车削加工、数控铣削加工和加工中心为重点，为了便于读者掌握数控机床编程技术，列举了大量典型零件的数控加工编程实例。

(3)图文并茂，通俗易懂

以实物图代替平面图形，以图片或表格呈现形式为主；书中示例程序后均配有文字说明，以降低认知难度；数控机床操作部分采用大量的与机床面板功能一致的图标，再配合功能说明，使数控机床操作一目了然，也便于读者自主学习。

本书是湖北汽车工业学院陈君宝、袁海兵副教授结合多年的教学实践和相关科研成果而撰写的，凝聚了作者的智慧、经验和心血。在撰写过程中，作者参考了大量的书籍、专著和相关资料，在此向有关专家、编辑及文献原作者一并表示衷心的感谢。由于作者水平所限以及时间仓促，书中不足之处在所难免，敬请读者不吝赐教。

作者

2017 年 6 月

目 录

第1章　数控技术概论

在工业生产、国防军工、汽车制造等多个行业和领域中，需要使用到大大小小的各种机器、仪器和工具。这些大型机器都是由一个个小的金属零件组成，金属零件从设计开始到加工成合格的产品一般都需要经过机械加工，机械加工所用到的是各种机床。随着计算机技术的发展，数控技术在机床上得到了广泛的应用。

1.1　数控基本概念

数控技术(Numerical Control,NC)是指用数字化信号对控制对象进行控制的方法，也称为数字技术。对于数控机床来说，控制对象就是金属切削机床。

现代数控技术是一门边缘科学技术，它综合了计算机、自动控制、电动机、电气传动、测量、监控、机械制造等技术学科领域最新成果。是现代机械制造业中的高新技术之一。

1. 数字控制

数字控制是相对于模拟控制而言的一种自动控制机床的运动及其加工的技术。数字控制相对于模拟信号而言，它便于储存、加密、传输和再现，数字控制抗干扰性强、可靠性高、集成度高。

2. 数控机床

数控机床(NC Machine)是技术密集度高、自动化程度很高的用计算机通过数字信息来自动控制加工的机床。

3. 数控系统

数控系统(NC System)是一种自动控制系统，它是数控车床的核心，它的基本任务是接收控制介质上的数字化信息。在数控系统中,数控装置是实现数控技术的关键。数控装置完成数控程序的读入、解释,并根据数控程序的要求对机床进行运功控制和逻辑控制。

4. 计算机数控系统

计算机数控系统(Computerized Numerical Control System,CNC)主要是指以计算机为核心的数控系统。它是由装有数控系统程序的专用计算机、输入输出设备、可编程序控制器(PLC)、存储器、主轴驱动及进给驱动装置等部分组成,如图 1-1 所示。

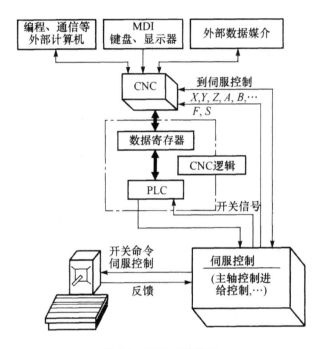

图 1-1　CNC 系统原理

5. 开放式数控系统

所谓开放式系统,就是指应用软件不仅能在某个特定的平台上运行,而且还能在不同的软硬件平台上运行,并且能与其他软硬件协同工作。开放式 CNC 系统的特征如下:

(1)向用户开放

可以采用先进的图形交互方式支持下的简易编程方法,使数控机床的操作更加容易。

（2）向机床制造商开放

允许机床制造商在开放式 CNC 系统软件的基础上开发专用的功能模块及用户操作界面。

1.2　数控机床的组成与功能

1.2.1　数控机床的组成

如图 1-2 所示是数控机床的组成框图。数控机床主要由数控装置、进给伺服系统、主轴伺服系统以及反馈装置等部分组成。进给伺服系统包括进给驱动单元、进给电动机和位置检测装置。主轴伺服系统包括主轴驱动单元、主轴电动机和主轴准停装置等。

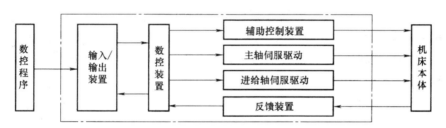

图 1-2　数控机床的组成框图

1. 数控程序

数控程序是数控机床自动加工零件的工作指令,是在零件工艺分析的基础上编制出的描述机床加工过程的程序,是由文字、数字和符号等按一定的规则和格式组成的代码。数控程序可由手工编程或计算机自动编程获得。早期数控程序的载体是程序单或穿孔纸带,现代程序的载体多为电子文档,故程序的载体可以是存储卡、计算机、磁盘等,采用哪种存储介质取决于数控装置的设计。

2. 数控装置

数控装置是数控机床的核心部件,现代数控机床都采用计算机数控装置。它包括微型计算机的电路、各种接口电路、CRT 显示器、键盘等硬件以及相应的软件。数控装置能完成信息的输入、存储、变换、插补运算以及实现各种控制功能。

3. 伺服系统及位置检测装置

伺服系统主要由伺服驱动电机、驱动控制系统、位置检测和反馈装置等组成,它是数控系统的执行部分。数控机床进给系统由机床的执行部件和机械传动部件组成,进给系统接收数控装置发来的速度和位移指令信息,然后控制执行部件的进给速度、方向和位移量。每个进给运动的执行部件都配有一套伺服系统。通常我们将伺服系统分为三类,分别是开环、闭环和半闭环。一般闭环和半闭环伺服系统中,还配备有位置测量装置,直接或间接地测量执行部件的实际位移量。

4. 机床本体及机械部件

数控机床的机床本体与传统机床相近,由主轴传动装置、进给传动装置、床身、工作台以及辅助运动装置、液压气动系统、润滑系统、冷却装置等组成。图 1-3 所示为 FANUC 系统数控车床组成框图。

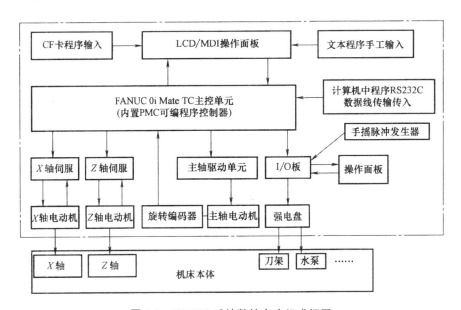

图 1-3　FANUC 系统数控车床组成框图

1.2.2　数控机床的加工过程

数控机床加工工件的过程如图 1-4 所示,具体内容如下:

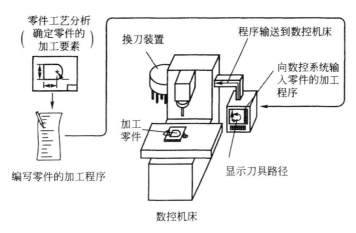

图 1-4　数控机床加工过程

①分析零件加工图样,确定实际可行的加工方案、工艺参数和位移数据。

②编写零件加工程序,常采用的编程方法有手动编程和计算机辅助编程,最后生成零件的加工程序文件。

③程序的输入,可以直接在操作面板上手工输入,也可以用辅助软件生成相应的程序,通过存储卡或计算机的单行通信接口直接传输到数控机床的数控装置。

④校核输入数据装置加工程序。

⑤操作机床完成对零件的加工。

1.3　数控机床的分类与加工特点

1.3.1　数控机床的分类

1. 按加工工艺及机床用途分类

(1)金属切削类

所谓金属切削类数控机床就是采用了各种切削工艺的机床,常见的切削工艺有车、铣、铰、磨、刨和钻等。它又可分为普通型数控机床和加工中心两大类。普通型数控机床,如数控车床(图 1-5)、数控铣床(图 1-6)、数控磨床(图 1-7)等。加工中心是指带有自动换刀机构和刀具库的数控车床和铣床,如(铣削类)加工中心(图 1-8)、车削中心(图 1-9)等。

图 1-5　数控车床(水平导轨)　　　图 1-6　数控铣床(立轴式)

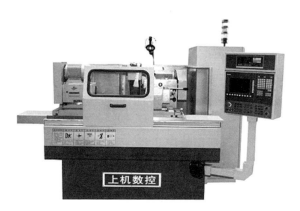

图 1-7　数控磨床(数控外圆磨床)

图 1-8　加工中心

图 1-9　车削中心

（2）金属成形类

金属成形类数控机床是采用挤、冲、压、拉等工艺过程加工金属的机床，比较常用的金属成型类数控机床有数控压力机（图 1-10）、数控折弯机（图 1-11）、数控弯管机（图 1-12）等。

图 1-10　数控压力机

图 1-11　数控折弯机

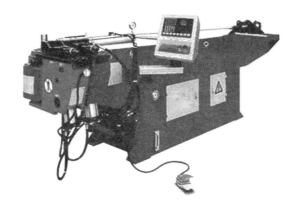

图 1-12　数控弯管机

（3）特种加工类

特种加工类数控机床主要有数控电火花线切割机床（图 1-13）、数控电火花成形机床（图 1-14）等。

图 1-13　数控电火花线切割机床　　　　图 1-14　数控电火花成形机床

2. 按数控机床的功能水平分类

按功能可将数控机床分为低、中、高三档。其中，中、高档数控机床一般称为全功能数控或标准型数控机床。低档数控机床通常称为经济型数控机床，它的功能简单，易于操作。

3. 按伺服控制方式分类

数控机床按伺服控制方式可分为开环控制数控机床、半闭环控制数控机床和闭环控制数控机床三大类。

①开环控制数控机床，如图 1-15 所示。

图 1-15　开环控制系统

②半闭环控制数控机床，如图 1-16 所示。
③闭环控制数控机床，如图 1-17 所示。

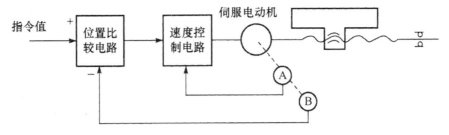

图 1-16　半闭环控制系统

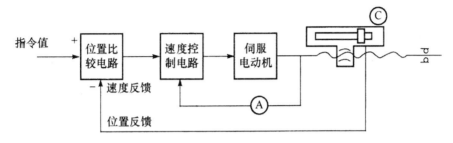

图 1-17　闭环控制系统

4. 按数控系统分类

目前工厂常用数控系统有：FANUC（发那科）数控系统、SIEMENS（西门子）数控系统、三菱数控系统等。每种数控系统又分为不同的型号。例如，发那科系统从 0i 到 23i，西门子系统从 SINUMERIK 802S、802C 到 802D、810D、840D 等。各种数控系统的指令代码、编程要求及面板按键功能都各不相同，编程和加工时应以数控机床说明书为准。

1.3.2　数控机床加工的特点

数控机床与普通机床相比，具有以下特点：

1. 适应性强

适应性是指数控机床对生产对象变化的适应能力。更换生产对象后，只需要重新编写或修改数控加工程序即可实现对零件的加工，不需要重新设计模具、夹具等工艺装备，从而缩短了生产准备周期。

2. 精度高

工作过程不需要人工干预，而是自动工作的，并且通过实时检测装置来修正或补偿以获得更高的精度。加工尺寸精度在 0.005～0.01mm,零件的复杂程度不会对加工造成影响。数控机床的操作主要由机器完成,人为参与的误差大大减小,保证同批次零件尺寸的一致性,一些精密的数控机床上还采用了位置检测装置,更加确保了数控加工的精度。

3. 效率高

数控机床可以采用较大的切削用量,而且具有自动换速、自动换刀和其他辅助操作自动化的功能,省去了大量的辅助性工作,提高了生产效率。

4. 减轻劳动强度、改善劳动条件

用数控机床加工零件,不需要进行其他的手工操作,劳动强度和紧张度大为减轻。

5. 有利于生产管理的现代化

利用计算机辅助系统连接数控机床,形成 CAD/CAM 一体化系统。机床之间也能建立联系,从而达到规模性的控制。

1.3.3 数控机床加工的应用范围

随着互联网技术的发展和社会生产力的不断进步,对机械加工业的要求不断提高。一般来说,机械加工业中,占生产总量 80% 以上的是单件和小批量生产的零件,尤其是在造船、航空、航天等领域这些部门所需零件的加工批量小、频繁改变形状,零件的形状复杂而且精度要求高。为有效地保证产品质量,提高产能,这就需要数控机床具有很好的通用性和相应的灵活性,并且加工过程实现智能化。而在通用机械、汽车、拖拉机、家用电器等制造厂,大都采用自动机床、组合机床和专用自动生产线,采用这些高度自动化和高效率的设备一次投资费用大,生产准备时间长,不适应频繁改型和多种产品生产的需要。

为了满足多元化单位生产需求,急需一种灵活的、通用的、适用性广的柔性自动化机床,数控机床正是在这样的背景下产生与发展起来的。它从根本上解决了上述问题,使得单件、小批量生产精密零件的加工成为现实。根据数控加工的优缺点及国内外大量应用实践,数控机床一般适应以下零件的加工:

①多品种、小批量生产的零件。

②形状结构比较复杂的零件。

③需要频繁改型的零件。

④高价值的,关键部位的关键零件。

⑤短周期内需要的急需零件。

⑥批量较大、精度要求高的零件。

1.4　现代数控技术在机械制造中的应用

1.4.1　柔性制造系统

1. 柔性制造系统的概念和特征

所谓柔性即表示有较大的适应性,它是相对刚性而言的。柔性制造系统(Flexible Manufacturing System,FMS)是利用数据控制系统和物料输送系统把若干设备连接起来,形成一套自动化制造系统,其主要特征如图1-18所示。

- 高柔性：能在不停机调整的情况下，实现多种不同工艺要求的零件加工。
- 高效率：能采用合理的切割用量实现高效加工，同时使辅助时间和准备时间减少到最低限度。
- 高度自动化：自动更换工件、刀具、夹具，实现自动装夹和输送，自动监测加工过程，有很强的系统软件功能。

图 1-18　柔性制造系统的特征

2. 柔性制造系统的类型

柔性制造系统主要有柔性制造单元、柔性制造系统和柔性生产线三种类型,如图 1-19 所示。

- 柔性制造单元
  - 加工中心
  - 自动交换工作
- 柔性制造系统
  - 柔性制造单元
  - 加工中心
- 柔性生产线

图 1-19　柔性制造系统的分类

(1)柔性制造单元(Flexible Manufacturing Cell,FMC)

柔性制造单元是一种简化的柔性制造系统,通常由加工中心(MC)与自动交换工件(AW,APC)的装置所组成,同时,数控系统还增加了自动检测与工况自动监控等功能。图 1-20 所示为一柔性制造单元。

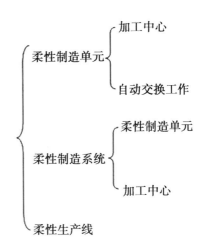

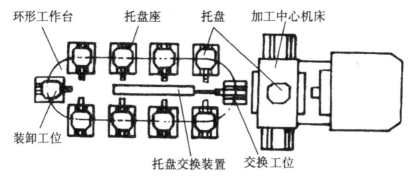

图 1-20　柔性制造单元

（2）柔性制造系统

较大的柔性制造系统是由多个柔性制造单元或多台数控机床、加工中心组成,使用一个物料输送系统将所有的机床联系起来。工件被装在夹具和托盘上,自动地按加工顺序在机床间逐个输送。

（3）柔性生产线（Flexible Transfer Line,FTL）

在大批量、品种较单一的生产中,柔性制造系统按照工件的加工流程而排列成生产线的形式,与传统生产线相比,这种生产线能够同时加工少量不同的零件。

柔性制造系统的适用范围如图 1-21 所示。

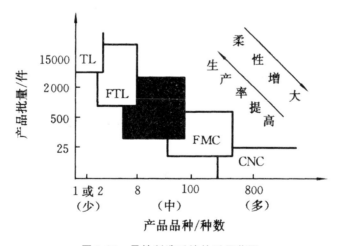

图 1-21　柔性制造系统的适用范围

3. 柔性制造系统的组成

柔性制造系统由加工、物流、信息流三个子系统组成,每一个子系统还可以有分系统。加工系统可以由 FMC 组成,也可由 CNC 机床按 DNC 的控制方式构成,可以自动更换刀具和工件并进行自动加工。有些组成设备还可能是自动更换多轴箱的加工中心。系统中的机床有互补和互替两种配置原则:互补是指在系统中配置完成不同工序的机床,彼此互相补充而不能代替,一个工件顺次通过这些机床进行加工;互替是指在系统中配置有相同的机床,一台机床有故障时空闲的一台机床可以替代加工,以免等待。当然,一个系统的机床设备也可以按这两种方式混合配置,这要根据生产纲领来确定。

物流系统主要由包括刀具和工件两个物流系统组成。刀具的输送形式有两种,一种是在加工设备上配备大容量的刀库;另一种形式是设置独立的中央刀库,由工业机器人在中央刀库和各机床的刀库之间进行输送和交换刀具。刀具的备制和预调一般都不包括在系统自动管理的范围之内。要求刀具的数目少,就必须采用标准化、系列化刀具,并要求刀具的寿命较长。系统应有监控刀具寿命和刀具故障的功能。目前多用定时换刀的方式控制刀具的寿命,即记录每一把刀具的使用时间,达到预定的使用寿命后即强行更换。

物流系统还包括工件、夹具的输送、装卸以及仓储等装置。在 FMS 中,工件和夹具的存储仓库多用立体仓库,由仓库计算机进行控制和管理。其控制功能有:记录在库货物的名称、货位、数量、质量以及入库时间等内容;接受中央计算机的出、入库指令,控制堆垛机和输送车的运动;监督异常情况和故障报警。各设备之间的输送路线按其布局情况,有直线往复、封闭环路和网格方式等数种,而以直线往复方式居多。输送设备有传输带、有轨或无轨小车以及机器人等。传送带结构简单,但不灵活,在新设计的系统中用得越来越少。目前使用最多的是有轨小车和无轨小车。

无轨小车又称自动引导小车(Automated Guide Vehicle,AGV)。图 1-22(a)所示为其示意图,小车上有托盘交换台 3,工作台 1 与托盘 2 由交换台推上机床的工作台进行加工,加工好的工件连同托盘拉回到小车的交换台上,送至装卸工位,由人工卸下并装上新的待加工工件。小车的行车路线常用电缆或光电引导。图 1-22(b)所示为电缆引导的原理图,在地面(6 为地平面)下埋设有电缆(导向电缆)8,通以低频电流,在电缆周围形成磁场 7。固定在小车车身内的两个感应线圈 5 中即产生电压,当小车运行偏离电缆时,两线圈的电压不相等,转向电动机 4 即正向或反向旋转以校正小车的位置,使小车总是沿电缆引导的路线行走。光电引导方式是在地面上铺设反光的不锈钢带,利用光的反射使小车上的一排光电管产生信号,引导小车沿反光带运动。

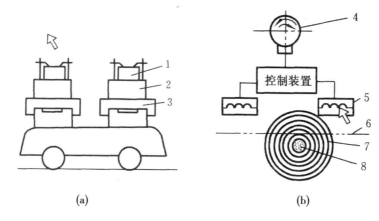

(a)   (b)

图 1-22   自动引导小车
1—工作台;2—托盘;3—托盘交换台;4—电动机;
5—感应线圈;6—地平面;7—磁场;8—导向电缆

信息流系统包括加工系统及物流系统的自动控制,在线状态监控及其信息处理,以及在线检测和处理等。

4. 柔性制造系统的优点

目前,在全世界范围内,企业拥有的柔性制造系统很多,而且还在以很快的速度增长。柔性制造系统的加工对象很广,生产批量为 10~1000 件,其中 300 件以下的最多,年产量为 2000~30000 件。一个柔性制造系统加工对象的品种为 5~300 种,其中 30 种以下的最多。使用柔性制造系统的行业主要集中在汽车、飞机、机床、拖拉机以及某些家用电器行业。柔性制造系统具有良好的经济效益和社会效益。这是由于解决了零部件的存放、运输以及等待时间,可以提高生产率 50% 以上,并使生产周期缩短 50% 以上,缩短了资金周转期。由于装夹、测量、工况监视、质量控制等功能的采用,使机床的利用率由单机使用的 50% 提高到 70%~90%,而且加工质量稳定。另一个优点是操作人员大为减少。

1.4.2   计算机集成制造系统

1. 计算机集成制造系统的定义

目前,计算机集成制造系统(Computer Integrated Manufacturing System,CIMS)还没有一个完善的、被普遍接受的定义。1976 年美国的 Hatvany 教授给出的定义是:CIMS 是通过成组技术和数据管理系统将

CAD、CAM 和生产计划、管理集成在一起的系统。1986 年 Bunce 博士给出的定义是：CIMS 是生产产品全过程的各自动化子系统的完美集成，是把工程设计、生产制造、市场分析和其他支持功能合理组织起来的计算机集成系统。还有学者认为，CIMS 是把孤立的局部自动化子系统在新的模式下通过计算机及其软件灵活而有机综合起来的一个完整系统等。在众多的观点中，下列两点是人们一致公认的。

①CIMS 在功能上包含了一个工厂的全部生产经营活动：

市场预测→产品设计→加工制造→管理→售后服务

CIMS 比传统的工厂自动化的范围大得多，是一个复杂的大系统。

②CIMS 模式是有机的集成，它不是工厂各个环节的计算机化或自动化的简单叠加，并且这样的集成不仅仅物质、设备的集成，更主要的是技术集成，甚至人的集成。

2. CIMS 的组成

图 1-23 所示是 CIMS 技术集成关系图，它表明了 CIMS 主要是通过计算机信息技术模块把工程设计、经营管理和加工制造三大自动化子系统集成起来。

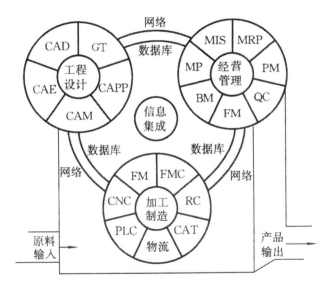

图 1-23　CIMS 技术集成关系图

（1）工程设计系统

主要包括计算机辅助工程分析（Computer Aided Engineering，CAE）、计算机辅助设计（Computer Aided Design，CAD）、成组技术（Group Technology,GT）、计算机辅助工艺过程设计（Computer Aided Process Plan-ning,CAPP）和计算机辅助制造（Computer Aided Manufacturing,CAM）等。

（2）经营管理系统

主要包括管理信息系统（Management Information System,MIS）、制造资源计划（Manufacturing Resource Planning,MRP）、生产管理（Production Management,PM）、质量控制（Quality Control,QC）、财务管理（Financial Management,FM）、经营计划管理（Business Management,BM）和人力资源管理（Man Power Resources Management,MP）。

（3）加工制造系统

主要包括 FMS 柔性制造系统、FMC 柔性制造单元、CNC 数控机床、可编程控制器 PLC、机器人控制器（Robot Controller,RC）、自动测试（Computer Automated Testing,CAT）和物流系统等。

1.4.3 并联运动机床

并联运动机床（Parallel Machine Tools），又称虚拟轴机床（Virtual Axis Machine Tools），也曾被称为六条腿机床，它是以空间并联机构为基础，充分利用计算机数字控制的潜力，以软件取代部分硬件，以电气装置和电子器件取代部分机械传动，使将近两个世纪以来以笛卡儿坐标直线位移为基础的机床结构和运动学原理发生了根本变化。并联运动机床与传统机床的比较如图 1-24 所示。

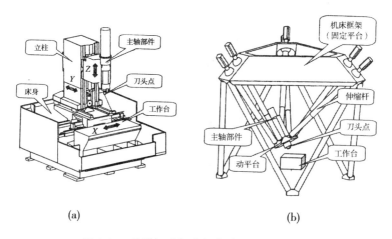

(a)　　　　　　　　　　　　　　　(b)

图 1-24　并联运动机床与传统机床的比较

（a）传统机床；（b）并联运动机床

从图 1-24 中可见,并联运动机床与传统机床的区别主要表现在以下方面。

①传统机床布局的基本特点。

以床身、立柱、横梁等作为支承部件,主轴部件和工作台的滑板沿支承部件上的直线导轨移动,按照 X、Y、Z 坐标运动叠加的串联运动学原理,形成刀头点的加工表面轨迹。

②并联运动机床布局的基本特点。

机床坐标系与工件坐标系的转化全靠软件完成,并联运动机床没有实体坐标系。机床机械零部件数目较串联构造平台大幅减少,以机床框架为固定平台的若干杆件组成空间并联机构,主轴部件安装在并联机构的动平台上,通过多杆结构在空间内同时运动来移动主轴头,可改变伸缩杆的长度或移动其支点,按照并联运动学原理形成刀头点的加工表面轨迹,各伸缩杆采用相互独立的伺服驱动装置驱动。

③由于并联运动机床结构以桁架杆系取代传统机床结构的悬臂梁和两支点梁来承载切削力和部件重力,加上运动部件的质量明显减小以及主要由电主轴、滚珠丝杠、直线电动机等机电一体化部件组成,因而具有刚度高、动态性能好、机床的模块化程度高、易于重构以及机械结构简单等优点,是新一代机床结构的重要发展方向。

1.5　现代数控技术的发展趋势

(1)高精度、高速度的发展趋势

科学技术的发展是没有止境的,高精度、高速度的内涵也在不断变化,目前正在向着精度和速度的极限发展。

(2)5 轴联动加工和复合加工快速发展

采用 5 轴联动加工三维曲面零件,可用刀具最佳几何形状进行切削,不仅表面质量好,而且效率大幅度提高。

(3)功能不断加强

数控机床的功能发展方向:用户界面图形化,科学计算可视化,内装高性能 PLC,多媒体技术应用等。

(4)体系结构的发展

体系结构的发展表现为集成化、模块化、网络化等。

(5)多轴化

多轴联动加工,零件在一台数控机床上一次装夹后,可进行自动换刀、旋转主轴头、旋转工作台等操作,完成多工序、多表面的复合加工,不仅表面粗糙度值低,而且效率也大幅度提高。

(6)智能化、开放式、网络化

智能化的内容体现在数控系统的各个方面:①为追求加工效率和加工质量方面的智能化;②为提高驱动性能及使用连接方便的智能化;③还有智能诊断、智能监控方面的内容,方便系统的诊断及维修等。

所谓开放式数控系统就是数控系统的开发可以在统一的运行平台上,面向机床厂家和最终用户,通过改变、增加或剪裁结构对象(数控功能),形成系列化,并可方便地将用户的特殊应用和技术诀窍集成到控制系统中,快速实现不同品种、不同档次的开放式数控系统,形成具有鲜明个性的名牌产品。

(7)重视新技术标准、规范的建立

数控系统的标准、规范包括开放式体系结构数控系统的规范,数控代码的标准发展等。

第2章 数控加工工艺基础

选择最合适的方法,安排合适的加工刀具、夹具,选择合理的切削用量,选出刀具的走刀路线,在提高零件加工质量的同时又确保了产量和经济效应。本章从数控加工的工艺着手,了解数控加工常用的刀具、装夹方法以及数控程序的编写等。

2.1 数控加工工艺分析及路线的确定

数控机床在加工工艺上与普通机床有很多相同之处,许多工艺问题的处理方法也大致相同,数控机床加工的往往是那些结构复杂、技术含量高的零部件。故数控加工的工艺规程也更为复杂。数控加工不仅用于机械加工,此外还用于电加工、火焰加工、激光加工等。

2.1.1 数控加工工艺分析

在编程前,对一些工艺问题(如机床的运动、零件的加工过程、刀具的参数、切削用量及走刀路线)等需要做一些处理,因此程序编制中对于零件的工艺分析是一道十分重要的工序。只有确定了工艺方案,才能进入编程工作。

1. 确定数控加工的内容

数控机床与普通机床相比,数控机床适合加工难度较大的工件。但是数控机床并不能完成所有的零件加工,在选择使用数控机床加工零件时一般可按照下列原则进行。

①首先选择普通机床无法加工的部分。

②重点选择普通机床难以加工、加工质量难以保证的部分。

③选择和普通机床相比加工效率更高的部件。

④选择普通机床无法一次完成或需要复杂加工的零件。

⑤选择普通机床多次修改设计才能定型的零件。

在某些情况下，一些内容不宜采用数控加工，大体如下。

①占机调整时间长的内容，如以毛坯粗基准定位加工第一个精基准。

②加工部位不集中，不能在一次安装中完成较多加工的内容。

③难以编程的型面、轮廓。

④不均匀的粗加工且余量大的部件。

⑤必须用特定的工艺装备协调加工的零件。

除此之外，生产批量、生产周期和工序周转情况等也是选用数控机床所考虑的，应防止把数控机床当作普通机床使用。

2. 数控加工零件的工艺性分析

（1）零件图纸的分析

①分析图样。对于零件图的分析应从小到大、从点到面，点、线、面是编制程序的重要依据，尤其要把握好一些特殊点，如基点、节点等，如果使用手工编程还需要进行坐标计算，故必须认真分析零件图样，仔细核算，发现问题及时反馈。

②分析尺寸。数控编程常采用绝对值编程，其所有坐标都以编程原点为基准。因此，在零件图上应尽量采用同一基准标注尺寸或直接给出尺寸。这样有利于编程，也有利于设计基准、工艺基准和编程原点的统一。

③分析技术要求。作为一个合格的零件，必须达到技术要求。在保证零件使用性能的前提下，零件加工应经济、可靠。

④分析材料。在确保满足要求的前提下应尽量选用价格低廉、性能良好的材料。

（2）零件的结构工艺性

零件的结构工艺性指的是所设计的零件结构不但要满足使用性和制造的方便性，还要满足制造的可行性和经济性。也就是说，零件的结构应便于加工时工件的装夹、对刀和测量，可以提高切削效率等。零件的结构工艺性不好会导致加工困难，浪费材料和工时，有时甚至根本无法加工。从现实可操作性方面对零件的结构进行工艺性审查，对零件的结构提出意见或建议，供设计人员修改零件结构时参考。

2. 1. 2 数控加工路线的确定

1. 定位基准的选择

定位基准分为粗基准和精基准。使用零件上未加工过的表面来定位的基准为粗基准,使用零件上已加工表面来定位的基准为精基准。

(1)粗基准的选择原则

①对于同时具有加工表面和不加工表面的零件,为了保证加工表面和不加工表面间的相互位置精度要求,应选择不加工表面作为粗基准。如果零件上有多个不加工表面,则应选择其中与加工表面位置精度要求较高的表面作为粗基准。

②对于具有较多加工表面的零件,一般选择毛坯上余量最小的表面作为粗基准。若零件必须首先保证某重要表面的余量均匀,则应选择该表面作为粗基准。

③作为粗基准的表面应尽量平整,不应有飞边、浇口、冒口及其他缺陷,这样可以减少定位误差,并使零件装夹可靠。

④粗基准不应重复使用。

(2)精基准的选择

①基准重合原则。即尽可能选用设计基准作为定位基准,这样可以避免定位基准与设计基准不重合而引起的定位误差。

②基准统一原则。对位置精度要求较高的某些表面进行加工时,尽可能选用同一个定位基准,这样有利于保证各加工表面的位置精度。

③自为基准原则。某些精加工工序要求加工余量小且均匀时,选择加工表面本身作为定位基准,称为自为基准原则。

④互为基准原则。当两个表面的相互位置精度要求很高,且表面自身的尺寸和形状精度又很高时,常采用互为基准反复加工的办法来达到位置精度要求。

2. 加工方法的选择

选择加工方法一般根据零件的经济精度和表面粗糙度来考虑。经济精度和表面粗糙度是指在正常工作条件下,某种加工方法在经济效果良好(成本合理)时所能达到的加工精度和表面粗糙度。正常工作条件是指完好的设备,合格的夹具和刀具,标准职业等级的操作个人,合理的工时定额等。各种加工方法所能达到的经济精度和表面粗糙度可参考有关工艺人员手册。由于满足同样精度要求的加工方法有很多种,所以选择时应考虑以下因素:

①各个加工表面的技术要求。

②零件材料。例如,淬火钢的精加工必须采用磨削;有色金属应采用切削加工方法,不宜采用磨削;精度高的铝合金零件加工宜采用高速切削。

③生产类型。单件小批量生产,一般采用通用设备和通用夹具、量具、

刃具,大批量生产则尽可能采用专用设备和专用夹具、量具、刃具。

④企业现有设备和技术水平。

3. 加工阶段划分

当零件的加工精度要求较高时,通常将整个工艺路线划分为几个阶段,见表 2-1。

表 2-1　加工阶段的划分

阶段	主要任务	目的
粗加工	切除毛坯上大部分多余的金属	使毛坯在形状和尺寸上接近零件成品,提高生产率
半精加工	使主要表面达到一定的精度,留有一定的精加工余量;并可完成一些次要表面加工,如扩孔、攻螺纹、铣键槽等	为主要表面的精加工(如精车、精磨)做好准备
精加工	保证各主要表面达到规定的尺寸精度和表面粗糙度要求	全面保证加工质量
光整加工	对零件上精度和表面粗糙度要求很高的表面,需进行光整加工	主要目标是提高尺寸精度、减小表面粗糙度值。一般不用来提高位置精度

划分加工阶段的意义如下:

①有利于保证加工质量。

②便于及时发现毛坯缺陷。

③便于安排热处理工序。

④可以合理使用设备。

4. 工序的集中与分散

工序集中与工序分散是拟订工艺路线的两个不同原则,见表 2-2。

5. 加工顺序的确定

(1)机械加工顺序的安排

①先粗后精。先安排粗加工,后进行半精加工、精加工。

②基准面先行。先加工出精基准面,再以它定位,加工其他表面。

③先主后次。先加工主要表面,后加工次要表面。

④先面后孔。对于箱体零件,一般先加工平面,再以平面为精基准加工孔。

表 2-2 工序集中与工序分散

原则	定义	优点	缺点	适用场合
工序集中	工序集中原则是指加工时每道工序中尽可能多地包括更多的加工内容,从而使总工序数目减少	可以减少工序数目,缩短生产周期,减少机床设备、工人等投入,也容易保证零件有关表面之间的相互位置精度,有利于采用高生产率设备,生产率高	投资增大,调整和维修复杂,生产准备工作量大	一般情况下,单件、小批量生产宜采用工序集中原则;大批、大量生产可采用工序集中原则,也可以采用工序分散原则。随着数控机床的发展,现代化生产多采用工序集中原则
工序分散	工序分散原则是指加工时加工内容分散到较多工序中进行,每道工序加工内容很少	可以采用简单机床设备和工艺装备,调整容易,对工人技术要求低,生产准备量小,变换产品容易	机床数量多,生产面积大,不利于保证零件表面之间较高的位置精度要求	

(2)热处理工序的安排

热处理工序在工艺过程中的安排,主要取决于零件的材料和热处理的目的及要求。

(3)辅助工序的安排

包括去毛刺、倒棱、清洗、防锈、检验等工序。其中,检验工序是辅助工序中最重要的工序。检验工序一般安排在粗加工之后或精加工之前,或者关键工序之后或工件从一个车间转到另一个车间加工前后及工件加工结束后。

(4)数控加工顺序的安排

数控加工顺序的安排除了参照机械加工顺序的安排外,还应考虑以下几点。

①先近后远原则。所谓先近后远原则,就是指粗加工时,离换刀点近的部分先加工,离换刀点远的部分后加工。这样可以缩短刀具移动距离,减少空行程时间。

②内外交叉原则。对既有内表面(内型腔)又有外表面需加工的零件,安排加工顺序时,应先进行内、外表面粗加工,后进行内、外表面精加工。加工内、外表面时,通常先加工内型和内腔,然后加工外表面。

③刀具集中原则。刀具集中就是使用同一把刀加工的部分应尽可能集中加工完后,再换另一把刀加工。这样可以减少空行程和换刀时间。

2.2 数控刀具及其使用

2.2.1 数控刀具材料

数控刀具种类较多,通常按所使用的切削部分材料、刀体材料、夹持部分、结构形式、刀具用途等进行分类。

1. 刀具切削部分材料

刀具切削部分的常用材料有高速钢、硬质合金、陶瓷材料、立方氮化硼、金刚石等。近年来,刀具涂层技术应用较为普遍,取得了较好的效果。

(1)高速钢

高速钢使用的是合金钢和合金元素。在合金钢中加入较多的 W、Cr、Mo 和 V 等合金元素而成为刀具材料。目前,应用较为广泛的是 W18Cr4V,这种钢综合性能良好,可制造各种复杂的刀具,在国内应用较为广泛。W6Mo5Cr4V2 高速钢是增加了钼,减少了钨元素的一种高速钢,其抗弯强度和冲击韧度都高于 W18Cr4V,并具有较好的热塑性和磨削性能,适合于制作抵抗冲击的刀具。另外,针对一些特殊要求还开发出了部分的高性能高速钢材料。另外,某方面性能优异的高性能高速钢和粉末冶金高速钢材料在数控刀具中也有较好的应用。

(2)硬质合金

硬质合金由金属碳化物和金属黏结剂以一定的比例烧结而成,它是一种高性能的刀具材料。金属碳化物主要有 WC、TiC、TaC、NeC 等,金属黏结常用的是 Co、Ni、Mo 等。

常用的硬质合金材料有钨钴类(YG 类)、钨钴钛类(YT 类)和通用硬质合金类(YW 类)三大类,对应 ISO 标准的 K、P、M 类硬质合金。ISO 标准硬质合金按用途分类如表 2-3 所示。

表 2-3 硬质合金的分类

类型	用　　途
K	对应 TG 类,主要用于加工短切屑材料,如铸铁类材料
P	对应 TW 类,主要用于加工长切屑材料,如碳钢和合金钢等材料
M	对应 TW 类,硬质合金通用性较好,可用于不锈钢、铸钢、锰钢、可锻铸铁、合金钢和铸铁等

类型	用　　途
N	适合有色金属加工
S	适合耐热和优质合金材料加工
H	硬切削材料的加工,如淬硬钢、冷硬铸铁等

(3)刀具涂层

刀具涂层技术近些年获得广泛的关注,常用的涂层材料有 TiC、TiN 和 Al_2O_3 等;涂层方法主要有化学气相沉积 CVD 与物理气相沉积 PVD 方法;涂层结构有单层、多层等,单层涂层刀片很少使用,比较常用的有 TiC-TiN 双层复合涂层和 TiC－Al_2O_3－TiN 三层复合涂层的技术。

在硬质合金刀片表面镀涂层可大大提高刀具的寿命,涂层技术除了用于硬质合金刀片外,也应用于整体式铣刀或钻头的切削部分。

2. 刀体材料

刀体材料的选用与刀具的结构有一定的关联,表 2-4 为刀体材料与刀体结构关系。

表 2-4 　刀体结构与刀体材料关系

刀体结构	刀具材料
高速钢制作刀具	一般刀体部分与切削部分选用相同的材料
硬质合金作切削部分的刀具	刀体材料一般采用合金工具钢制作,如 9CrSi 或 GCr15 等
镗刀的刀杆	采用 45 钢或 40Cr 等制作

2.2.2 　数控车削加工刀具

1. 车刀结构及分类

常见的车床刀具的结构形式有整体式、焊接式、机夹式及机夹可转位式,具体结构如图 2-1 所示。

不同类型的车床刀具,它们的制造材料也不尽相同,其特点见表 2-5。

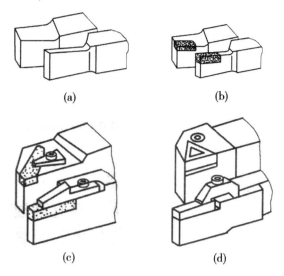

图 2-1 车刀的结构形式

（a）整体式；（b）焊接式；（c）机夹式；（d）机夹可转位式

表 2-5 不同类型车刀的特点

结构类型	特点
整体式	一般由高速钢作材料制造,刃口锋利,适合于小批量、复杂自制刀具的制作
焊接式	将硬质合金刀片钎焊在碳钢刀杆上,可根据需要刃磨刀具,刀具结构简单,但存在焊接内应力
机夹式	其刀片用机械夹固的方法固定,故可简称机夹式车刀,机夹式刀具避免了焊接内应力的问题
机夹可转位式	其刀片用机械夹固的方法固定,故可简称机夹式车刀,机夹式刀具避免了焊接内应力的问题。机夹可转位式车刀是数控加工主流推荐品种,刀片由专业厂生产,操作者仅转位使用,所有刀刃用钝后舍弃,也可见刀具商推荐的刀片重磨服务;个别不便转位的刀片刀具则属于机夹式车刀

2. 机夹可转位车刀

（1）机夹可转位车刀的分类

按加工面的不同特征机夹可转位车刀分为外圆与端面、内孔、切断与切槽和螺纹四种类型,如图 2-2 所示。

（2）机夹可转位车刀的刀片

机夹可转位硬质合金的刀片的结构形式已经模式化、标准化,只有专业

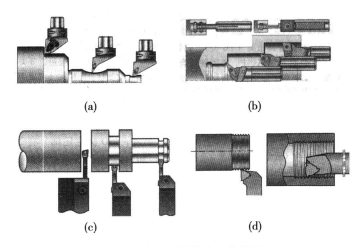

图 2-2　机夹可转位车刀的类型

（a）外圆与端面；（b）内孔；（c）切断与切槽；（d）螺纹

的生产厂家才能生产。《切削刀具用可转位刀片型号表示规则》（GB/T 2076—2007）采用了 ISO 国际标准。国内外刀具商的刀片代号表示基本与其相同，但也有部分标准未规定的刀片，各刀具商代号表示存在差异，因此，选用时尽可能参阅相关刀具商的产品样本进行查阅。图 2-3 所示刀片为例，列举刀片使用时应该注意的问题：

①刀片形状的影响。刀片的形状对刀具的主、副偏角以及刀片强度等有所影响。常见刀片形状如图 2-4 所示，用大写字母做代号，有正多边形（按边数不同有 O、H、P、S、T）菱形（按刀尖角 ε_r 不同有 C、D、E、M、V 等），平行四边形（按刀尖角 ε_r 不同有 B、A、K 等），矩形 L，圆形 R，等边不等角六边形 W（刀尖角为 80°）等。图 2-5 所示为机夹式车刀常见刀片形状与代号，其中切断刀片不同厂家不同，这里未一一列举。

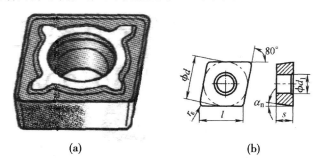

图 2-3　刀片示例 80°刀尖角（C 型）

（a）刀片外形；（b）主要参数

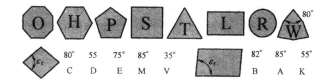

图 2-4　常见刀片形状与代号

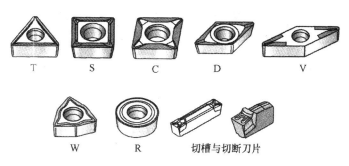

图 2-5　机夹式车刀常见刀片形状示例

②刀片法后角 α_n[见图 2-3(b)]的影响。刀片法后角 α_n 对刀具的前角与后角有影响。常见的有 0°、7°、11°等，0°法后角常用于制作正前角车刀，故其常称为正前角刀片。

注意，刀具的刃倾角是通过刀片在刀杆上的不同方位自然形成，同一刀片可做出不同刃倾角的刀具。

③断屑槽形式[见图 2-3(a)]的影响。断屑槽形式实质为前刀片的不同形状对切屑的卷曲与断屑有影响。其有三种可能，即无、单面与双面。不同厂家断屑槽的差异较大，以厂家推荐为准。

④固定孔参数与形式的影响。常见的刀片为圆柱孔与沉孔两种，涉及刀片的夹持方式，如图 2-3(b)中固定圆柱孔直径 φd_1。也有无固定孔刀片，多用于超硬刀具材料刀片等。

⑤刀片几何参数[见图 2-3(b)]的影响。有内切圆直径 φd、刀片长度 l、刀片厚度 s、刀尖圆角半径 r_ε 等。

(3)机夹可转位车刀刀片的固定方式

机夹可转位车刀刀片一般通过机械方式夹紧固定的，常见的夹固形式有 C、M、P、S 四种，见图 2-6，图中右上角为夹紧简化符号与形式代码。各种压紧方式的特点见表 2-6。

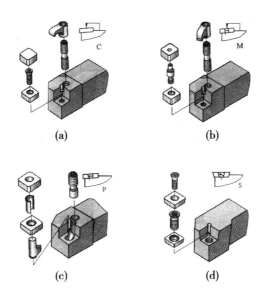

图 2-6　机夹式车刀常见刀片夹固形式

（a）顶面夹紧；（b）顶面与孔夹紧；（c）孔夹紧；（d）螺钉通孔夹紧

表 2-6　不同的刀片夹固形式的应用特点

压紧方式	特　　点
C	采用压板上压紧方式,通用性较好,特别适合无固定孔刀片夹紧
M	销定位并预向内压紧,压板主压紧方式,属复合夹紧,特别适合副前角刀片粗加工车刀使用
P	经典的杠杆夹紧,刀片固定孔为圆柱孔,前面切屑流出无障碍
S	螺钉夹紧,刀片固定孔为沉孔,适合精车刀具使用

2.2.3　数控车床常用刀具

车床主要用于回转表面的加工,如内外圆柱面、圆锥面、圆弧面、螺纹等。数控车床常用刀具简介如下:

①外圆车刀。如图 2-7 所示,常用外圆车刀有 45°和 90°两种。45°车刀常用于车端面,90°车刀可用于车外圆、端面和台阶。

②切槽刀。如图 2-8 所示,常用于外沟槽的加工。一般根据槽宽选择相应的刀片。

图 2-7　外圆车刀

图 2-8　切槽刀

③螺纹车刀。如图 2-9 所示,常用于外螺纹加工。一般需根据螺距选择相应的刀片。

④内孔车刀。如图 2-10 所示,常用内孔车刀有通孔车刀和不通孔车刀之分。通孔车刀主偏角小于 90°。不通孔车刀主偏角大于 90°。刀柄直径需根据加工孔径选择。

图 2-9　螺纹车刀

图 2-10　内孔车刀

⑤内槽车刀。如图 2-11 所示,常用于内沟槽的加工。一般根据槽宽选择相应的刀片。刀柄直径需根据加工孔径选择。

⑥内螺纹车刀,如图 2-12 所示,常用于内螺纹加工。一般需根据螺距选择相应的刀片。刀柄直径需根据加工孔径选择。

图 2-11　内槽车刀

图 2-12　内螺纹车刀

⑦圆弧车刀。如图 2-13 所示,常用于圆弧、曲线轮廓的加工。

⑧麻花钻。如图 2-14 所示,常用于孔的粗加工。

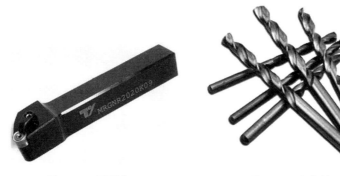

图 2-13　圆弧车刀　　　　　　图 2-14　麻花钻

⑨中心钻。如图 2-15 所示,常用于加工中心孔。

2.2.4　数控铣床常用刀具

铣床主要用于平面、台阶、沟槽等的加工,也可以加工各种曲面、花键、螺旋槽等。数控铣床常用加工刀具简介如下:

①面铣刀,如图 2-16 所示,常用于粗铣、精铣各种平面。

图 2-15　中心钻　　　　　　图 2-16　面铣刀

②立铣刀。如图 2-17 所示,常用于铣削沟槽、螺旋槽、台阶面、凸轮及工件上各种形状的孔等。

③键槽铣刀。如图 2-18 所示,常用于铣削键槽。

图 2-17　立铣刀　　　　　　　　图 2-18　键槽铣刀

④模具铣刀。如图 2-19 所示，常用于加工模具型腔或凸凹模成形表面，可分为圆锥形立铣刀、圆柱形球头铣刀和圆锥形球头铣刀。

⑤角度铣刀。如图 2-20 所示，常用于加工各种角度槽及斜面等，可分为单角铣刀、不对称双角铣刀和对称双角铣刀。

图 2-19　模具铣刀　　　　　　　图 2-20　角度铣刀

⑥镗孔刀。如图 2-21 所示，常用于大孔的粗、精加工。

⑦螺纹铣刀。如图 2-22 所示，常用于大直径螺纹孔的铣削加工。

图 2-21　镗孔刀　　　　　　　　图 2-22　螺纹铣刀

⑧机用铰刀。如图 2-23 所示，常用于小直径孔的精加工。

⑨丝锥。如图 2-24 所示，常用于小直径螺纹孔的加工。

图 2-23　机用铰刀　　　　　图 2-24　丝锥

2.3　数控加工常见的装夹装置

为了保证工件的加工精度，同时为了克服加工时较大的切削力的影响，工件在机床上加工时必须进行装夹。装夹装置主要由工件定位和夹紧两部分组成。机床夹具是用来装夹工件的工艺装备。

2.3.1　夹具的分类

1. 按使用机床分类

夹具按照所使用的机床可分为以下四类。如图 2-25 所示。

2. 按照动力来源分类

夹具按照动力来源可分为以下五类，如图 2-26 所示。

图 2-25　夹具按使用机床的分类　　　图 2-26　夹具按动力来源的分类

3. 按通用化程度分类

按照夹具的通用化程度和使用范围，夹具分为以下五大类。

（1）通用夹具

通用夹具是它的尺寸、样式等都已经标准化的且由专业厂家生产的，可加工一定尺寸范围内的工件的夹具。例如,车床的自定心卡盘、铣床的机用虎钳等。通用夹具的特点是适应性广、生产率低,主要用于单件、小批量生产。

（2）专用夹具

专用夹具是为了生产专用设备而生产的夹具,专用夹具的特点是结构紧凑,操作方便,设计周期长,制造费用高,只适用特定部件的生产。因此,这类夹具一般在批量较大的生产中使用。

（3）成组夹具

成组夹具是指根据成组技术原理设计的用于成组加工的夹具。成组夹具在通用的夹具体上,只需更换或调整夹具的部分元件就可用于组内不同工件的加工。采用成组夹具的可以显著减少专用夹具的数量,生产周期大为缩短,生产成本显著降低,比较适合多品种、小批量的生产。

（4）组合夹具

组合夹具是由多个标准夹具元件组装起来的夹具。这类夹具由专业厂家制造,组合夹具的特点是使用灵活多变,适应性强,制造周期短,生产成本低,元件能反复使用,因而组合夹具适用于新产品的试制和单件小批量生产。

（5）随行夹具

随行夹具主要是自动线上使用的一种夹具。自动线夹具一般分为固定式夹具和随行夹具。它除了具有一般夹具的装夹工作任务外还承担沿自动线输送工件的任务。随行夹具跟随被加工工件沿着自动线从一个工位移到下一个工位,故有"随行夹具"之称。

2.3.2　机床夹具的组成和作用

1. 机床夹具的组成

①定位元件。定位元件的作用是确定工件在夹具中的位置。

②夹紧装置。夹紧装置的作用是压紧夹牢工件,将工件固定在原有位置。

③安装连接元件。安装连接元件用于确定夹具在机床上的位置,从而保证工件与机床之间的正确加工位置。

④对刀元件和导向元件。对刀元件是确定刀具加工前处于正确位置的元件。所谓导向元件就是确定刀具位置并引导刀具进行加工的元件。

⑤夹具体。夹具体是连接装置,它用来连接夹具上各个元件使之成为

一个整体。

⑥其他装置。根据不同的工序要求,有些夹具上设有分度装置、靠模装置、上下抖装置等,以及标准化了的其他连接元件。

2. 机床夹具的作用

夹具在数控机床加工时的作用主要有以下几个方面。

①夹紧工件以确保加工精度。使用夹具可以方便地保证工件加工表面和其他相关表面之间的尺寸和相互位置精度。

②生产效率提高,成本降低。使用夹具以后,不需要找正、画线等工序,缩短了工件的加工周期,提高了劳动生产率。使用夹具后,产品质量稳定,简化了生产工人的工作,因此生产成本明显降低。

③扩大机床的工艺范围。例如,在车床的床鞍上或摇臂钻床的工作台上安上镗模,就可以进行箱体或支架类零件的镗孔加工;附加靠模装置便可以进行仿形车削等。

2.3.3 数控车床常用夹具及装夹方式

1. 数控车床常用夹具

(1)卡盘

卡盘有两种类型,分别是自定心卡盘和单动卡盘,自定心卡盘如图2-27所示、单动卡盘如图2-28所示。自定心卡盘有三个卡爪,它们均匀地分布在圆周上,能同步沿卡盘径向移动,能自动定心。单动卡盘的四个卡爪均匀分布于圆周上,它的每个卡爪都能单独径向移动,装夹工件时,通过调节各卡爪位置找正工件位置。

图 2-27 自定心卡盘　　图 2-28 单动卡盘

(2)顶尖

顶尖分为前顶尖和后顶尖。前顶尖是安装在主轴孔里的顶尖,它分为两种,其中一种是插入主轴锥孔内的[图 2-29(a)],另一种是夹在卡盘上的

[图 2-29(b)]。前顶尖随主轴和工件一起旋转。后顶尖是插入尾座锥孔中的顶尖,分为固定顶尖和回转顶尖两种。固定顶尖定心好,但因与工件中心孔间有相对运动,故容易发热和磨损,如图 2-30 所示。回转顶尖可跟随工件转动,与工件中心孔无相对运动,不易磨损和发热,但定心精度不如固定顶尖,如图 2-31 所示。

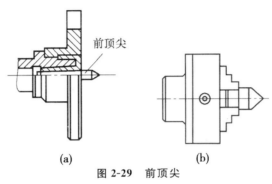

(a)   (b)

图 2-29　前顶尖

(a)插入主轴锥孔内;(b)夹在卡盘上

图 2-30　固定顶尖

图 2-31　回转顶尖

(3)中心架和跟刀架

中心架如图 2-32 所示。跟刀架分为两爪跟刀架和三爪跟刀架,分别如图 2-33、图 2-34 所示。

图 2-32　中心架

图 2-33　两爪跟刀架

（4）花盘

花盘是由铸铁做成的大圆盘，它安装在车床主轴上，如图 2-35 所示，花盘周围均匀地分布着一些通槽，通常花盘需要配合一些附件，如角铁、V 形块、方头螺钉、压板、平垫板、平衡块等（图 2-36），花盘和配件一起装夹用其他方法不便装夹的形状不规则的工件。

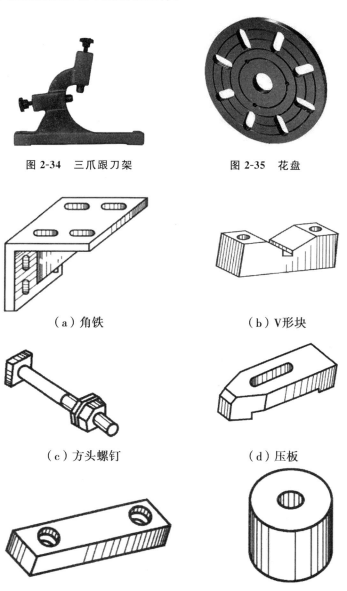

图 2-34　三爪跟刀架　　　　　图 2-35　花盘

（a）角铁　　　　　　　　　　（b）V形块

（c）方头螺钉　　　　　　　　　（d）压板

（e）平垫板　　　　　　　　　　（f）平衡块

图 2-36　花盘附件

2. 数控车床常见装夹方式

数控车床常用的装夹方式有卡盘装夹、两顶尖装夹、一夹一顶装夹、用中心架、跟刀架辅助支承、用心轴装夹、用花盘和角铁装夹等,下面分别介绍。

(1)用卡盘装夹

自定心卡盘主要用于装夹中小型圆柱形、正三角形、正六边形工件。一些四边形等非圆柱形工件常用单动卡盘装夹。

(2)用两顶尖装夹

用两顶尖配合鸡心夹头装夹多用于精加工,工件两端需预制有中心孔,如图 2-37 所示。两顶尖装夹重复定位精度高,但不宜承受大的切削力。

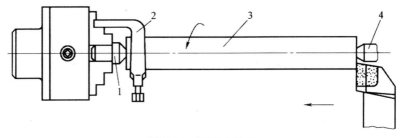

图 2-37 两顶尖装夹

1—前顶尖;2—鸡心夹头;3—工件;4—后顶尖

(3)一夹一顶装夹

一夹一顶装夹就是工件一端用卡盘装夹,另一端用后顶尖支承的装夹方式。这样装夹能承受较大的轴向力,适用于粗加工,以及粗大笨重的轴类零件的装夹。可以采用轴向限位支承或工艺台阶来防止工件轴向窜动,如图 2-38 所示。

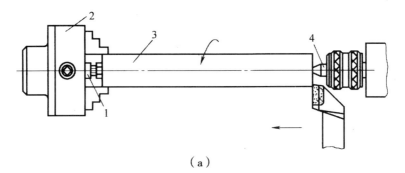

(a)

图 2-38 一夹一顶装夹

(a)用限位支承;(b)利用工件的台阶限位

1—限位支承;2—卡盘;3—工件;4—后顶尖;5—工艺台阶

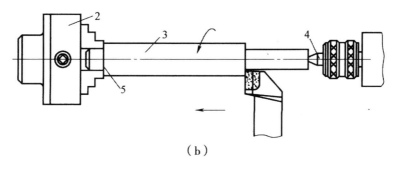

（b）

图 2-38　（续）

（4）用中心架、跟刀架辅助支承

中心架和跟刀架的组合常用于加工细长轴,不仅提高了工件的刚度,还能防止工件在加工中弯曲变形。中心架多用于带台阶的细长轴的外圆加工和端面加工,使用时固定在机床床身上,不随刀架移动,如图 2-39 所示。跟刀架多用于无台阶的细长轴的外圆加工,如图 2-40 所示。

图 2-39　中心架辅助支承

图 2-40　跟刀架辅助支承

（5）用心轴装夹

对于内外圆表面间的位置精度要求较高时,常使用心轴装夹以内孔定位加工外圆,心轴装夹如图 2-41 所示。常用心轴有过盈配合心轴、间隙配合心轴和小锥度心轴等。

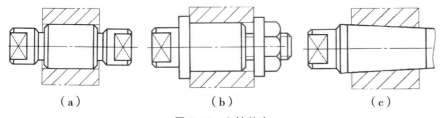

（a）　　　　　　　　　（b）　　　　　　　　　（c）

图 2-41　心轴装夹

（a）过盈配合心轴;（b）间隙配合心轴;（c）小锥度心轴

（6）用花盘、角铁装夹

对于其他方法难以加工的不规则工件一般采用花盘（角铁）装夹。当待加工表面的轴线与基准面垂直时，工件采用花盘装夹，如图 2-42 所示。当待加工表面的轴线与基准面平行时，常采用安装在花盘上的角铁装夹，如图 2-43 所示。用花盘或角铁装夹工件时，为了防止切削加工时产生振动还需要在花盘上的适当位置安装平衡块。

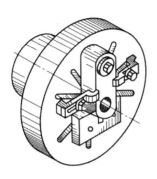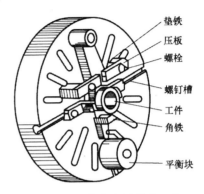

图 2-42　用花盘装夹工件　　　图 2-43　用花盘角铁装夹工件

2.3.4　数控铣床常用夹具及装夹方式

1. 数控铣床常用夹具

（1）机用虎钳

机用虎钳分为两种，一种为非回转式，如图 2-44 所示。另一种是回转式，如图 2-45 所示。

铣削长方形工件的平面、台阶面、斜面和轴类零件上的键槽时，通常使用机用虎钳装夹。回转式机用虎钳底座有转盘，使用方便，适应性强，但精度和刚性不如非回转式机用虎钳。

图 2-44　非回转式机用虎钳　　　图 2-45　回转式机用虎钳

（2）数控回转工作

数控回转工作台是数控铣床常用部件，常作为数控铣床的一个伺服轴，即立式数控铣床的 C 轴和卧式数控铣床的 B 轴，数控回转工作台如图 2-46 所示。数控回转工作台适用于板类和箱体类工件的连续回转加工和多面加工。工作台工作时，利用主机的控制系统完成与主机相协调的各种分度回转运动。

（3）数控分度头

数控分度头是数控铣床、加工中心等机床的主要附件之一，也可作为半自动铣床、镗床及其他类机床的主要附件，如图 2-47 所示。数控分度头与相应的 CNC 控制装置或机床本身特有的控制系统连接，能按照控制装置的信号或指令做回转分度或连续回转进给运动，以使数控机床能完成指定的加工工序。数控分度头可立、卧两用，常用于加工轴、套类零件。

图 2-46　数控回转工作台

图 2-47　数控分度头

2. 数控铣床常见装夹方式

数控铣床装夹方式有虎钳装夹、用压板、T 形螺栓装夹、数控回转工作台装夹、数控分度头装夹、自定心卡盘装夹等，下面分别加以介绍。

（1）用机用虎钳装夹

用机用虎钳装夹工件如图 2-48 所示。工件在机用虎钳上装夹时要注意：当装夹表面有硬皮时，在钳口处垫上铜皮或用铜钳口；选择高度适当、宽度略小于工件的垫铁，使工件的被加工部分高于钳口。要保证机用虎钳在工作台上的正确位置，必要时用指示表找正固定钳口面，使其与工作台运动方向平行或垂直。

（2）用压板、T 形螺栓装夹工件

在加工中型、大型和形状比较

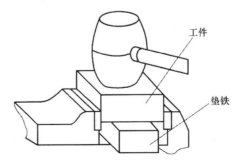

图 2-48　用机用虎钳装夹工件

复杂的零件时,一般采用压板将工件夹紧在数控铣床工作台上,分别如图2-49、图2-50所示。压板装夹工件时所用工具比较简单,主要是压板、垫铁、T形螺栓及螺母。压板的形状和工件的形状必须配合,所以压板的种类比较多。

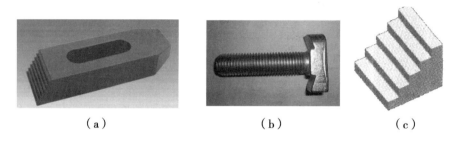

（a）　　　　　　　（b）　　　　　　　（c）

图 2-49

（a）压板；（b）T形螺栓；（c）垫铁

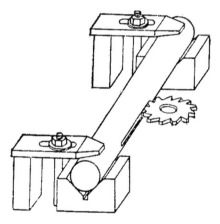

图 2-50　用压板、T形螺栓装夹工件

（3）用数控回转工作台装夹工件

用数控回转工作台装夹工件如图2-51所示,数控回转工作台常用于需要分度或回转曲面加工的场合。

（4）用数控分度头装夹工件

用数控分度头装夹工件如图2-52所示,常跟气动尾座配合使用,用于需要分度的零件的加工。

图 2-51　用数控回转工作台装夹工件

图 2-52　用数控分度头装夹工件

（5）用自定心卡盘装夹工件

对于小型的圆柱体毛坯，常用自定心卡盘装夹工件，如图 2-53 所示。

图 2-53　用自定心卡盘装夹工件

2.4　数控程序的结构分析

2.4.1　字与字符

通常情况下，一个数控加工程序主要由三大部分组成，即程序开始部分、若干个程序段主体以及程序结束部分。

一个程序段是由一个或若干个指令字（又称功能字）组成。而一个指令字又是由地址符和数字组成。因此，字符是数控程序的最小组成单位。

1. 字符

字符是组成数控程序的最小单位，它是一个关于信息交换的术语。我们将字符定义为字符是用来组织、控制或表示数据的一些符号,如数字、字母、标点符号、数学运算符等。字符作为一种记号它能够储存于机器中也能被机器传送。

一般我们将数控程序的字符分为以下四类,如图 2-54 所示。

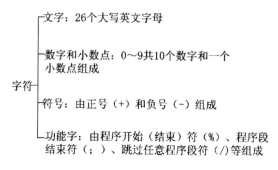

图 2-54　字符的分类

2. 指令字及其功能

指令字是字符的一种,又称为功能字,简称字。指令字是机床控制的专有术语。其定义是:按一定次序排列的字符,作为一个信息单元,可以储存、传递和操作,如 G00、X2600 等。常规数控程序的字都是由一个英文字母与随后的若干十进制数字组成。这个英文字母称为地址符。地址符与后续的数字间可加正号、负号。指令字按其功能的不同可分为 7 种类型,如图 2-55 所示。

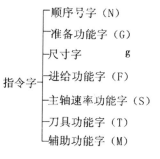

图 2-55　指令字分类

下面分别介绍 7 种指令字符。

(1)顺序号字(N)

顺序号字位于程序段的最前面,又称为程序段号或程序段顺序号。顺序号字的地址符为 N,后续数字一般为 1~4 位。

顺序号字的任务是校对、检索和修改程序;其次多重固定循环指令中常用于标示循环程序的开始和结束程序段号。

数控程序是以程序段为单位按顺序一段一段执行的,与程序段号无关(对于固定循环指令和子程序调用等特殊场合,程序段的顺序号还是必需的),这一点与许多计算机的高级语言有所不同。由于这样一个特点,我们可以按任意规则使用数控程序中的程序段号,即使没有程序段号也不会影响程序的执行。但是考虑到检查程序等的方便,一般按数字从小到大排列使用,使用时可以按阿拉伯数字的顺序号连续排列,也可以以一定的等差数列使用。对于很长的程序,如程序段的数量大于 9999 时,可以重新从 1 开始排列。

(2)准备功能字(G)

准备功能字又称为 G 功能、G 指令或 G 代码。地址符是 G。它的功能是建立机床或控制系统工作方式的一种命令。

在阅读准备功能字 G 代码时必须注意以下几点:

1)G 代码分为模态和非模态指令。所谓模态指令是指该指令具有延续性或续效性,在后续的程序段中,在同组其他 G 指令出现之前一直有效。而非模态指令不能续效,只在所出现的程序段中有效,下一个程序段需要时,必须重新写出。

2)要记住每一组中默认 G 代码是哪一个。因为这个指令一般是系统开机或复位时的默认状态。

3)不同组的 G 代码,在同一程序段中可指定多个。但如果在同一程序段中指定了两个或两个以上同组的模态指令,则只有最后的 G 代码有效。

其他未尽的说明参见附录中相应的说明。

(3)尺寸字

尺寸字也叫尺寸指令。尺寸字单位有公制、英制之分;公制用毫米(mm)表示,英制用英寸(in)表示(1in＝25.4mm)。

尺寸字后数字的单位可用 G21/G20 选择或参数设置,最小输入单位可由参数设定,一般设置为 IS-B 增量系统,其对于米制单位一般为 0.001mm。尺寸字后的数字省略小数点后的数值单位可有两种表示方法:计算器型小数点输入和标准型小数点输入,可由参数设定,当用计算器型小数点表示法时,不带小数点输入时数值的单位认为是 mm。而标准型小数点输入法表示时,不带小数点输入时数值的单位是最小输入增量单位,一般为 0.001mm 单位。具体见表 2-7。从表中可以看出,当控制系统设置为标准型小数点输入时,若忽略了小数点,则将指令值变为了 1/1000,此时若加工,则有可能出现事故。因此建议编程者书写尺寸字后的数字时养成书写小数点(如 X1000)的习惯。

表 2-7　尺寸字数字小数点的作用

程序指令	计算器型小数点编程	标准型小数点编程
X1000(指令值没有小数点)	1000mm	1mm
X1000(指令值有小数点)	1000mm	1000mm

（4）进给功能字（F）

进给功能字的地址符是 F，所以又称为 F 功能或 F 指令。它是表示刀具切削加工时进给速度的大小，如"N10 G1 X20 Z-10 F0.2"表示刀具进给速度为 0.2mm/r。F 代码后的数字单位分别由 G94/G95（或 G98/G99）设定为每分钟进给/每转进给，数控铣床的默认设置为 G94（分进给），数控车床的默认设置为 G99（转进给）。例如 F100 表示进给速度为 100mm/min。进给速度可以用机床操作面板上的进给速率调整旋钮在一定范围进行调节。

（5）主轴速度功能字（S）

表示主轴的转速，单位为转/分（r/min）。主轴速度功能字的地址符是 S，所以又称为 S 功能或 S 指令。如"S1000"表示主轴转速为 1000r/min。

（6）刀具功能字（T）

指定加工时所选用的刀具号。数控机床可直接用刀具号进行换刀操作。刀具功能字用地址符 T 及随后的数字表示，所以又称为 T 功能或 T 指令。发那科系统由 T 后跟四位数字组成，前两位为刀具号，后两位为刀具补偿号，如 T0101、T0303。

（7）辅助功能字（M）

表示数控机床辅助装置的接通和断开，由 PLC（可编程序控制器）控制。辅助功能字由地址符 M 及随后的两位数字组成，所以又称为 M 功能或 M 指令。不同系统和厂家的数控机床其 M 指令有一定的差异，但 M00～M05和 M30 的含义基本一致。表 2-8 列举了常用的 M 指令，供参考。

表 2-8　常用 M 指令

M 代码	功能	附注	M 代码	功能	附注
M00	程序暂停	非模态	M06	换刀	非模态
M01	程序计划停止	非模态	M08	切削液开启	模态
M02	程序结束	非模态	M09	切削液关闭	模态
M03	主轴正转	模态	M30	程序结束并返回	非模态
M04	主轴反转	模态	M98	子程序调用	模态
M05	主轴停止	模态	M99	子程序结束并返回	模态

说明：

1）通常，一个程序段中只能有一个 M 代码有效（即最后一个 M 代码）。

2）除数控系统指定了功能外（如 M98、M99 等），其余 M 代码一般由机床制造厂家决定和处理。具体见机床制造厂家的使用说明书。

常用 M 指令功能说明：

1）程序暂停（M00）和计划暂停指令（M01）：

①M00 指令用于程序暂停。暂停期间，系统保存所有模态信息，仅停止主轴（注：有的机床不停主轴）、切削液。当按下"循环启动"按钮，系统继续执行。

②M01 指令用于计划停止，又称选择暂停。当按下操作面板上的"选择暂停"按钮时，其功能与 M00 相同，否则，M01 被跳过执行。

M00 和 M01 指令主要应用于工件尺寸的测量、工件的调头、手动变速、排屑等操作。其中，M01 可实行计划抽检等。

对于 M00 和 M01 指令不停主轴的机床，必须在程序中使用 M05 停止主轴。

2）主轴启动与停止指令（M03、M04、M05）：主轴启动指令包括主轴正、反转指令 M03 和 M04 以及主轴停止指令 M05。其中，M03 应用广泛，几乎每一个程序都要用到。

主轴旋转方向正负的判断如图 2-56 所示。对于车床，从主轴箱向尾座方向看，顺时针为正，逆时针为负。对于铣床，从主轴向工作台看，顺时针为正，逆时针为负。

注意：M02 和 M30 均具有主轴停转的功能，所以有的程序不出现 M05 指令。

3）程序结束指令（M02、M30）：M02 指令常称为程序结束指令，而 M30 指令常称为程序结束并返回指令。程序结束指令执行后，机床的主轴、进给、切削液等全部停止，所有模态参数取复位状态。

M02 和 M30 的差异性分析：过去使用纸带记录和运行数控程序时，M02 仅表示程序执行结束，但纸带并不倒带，纸带处于程序执行完成的状态，下一次执行该指令时必须首先将程序纸带倒带，回到程序开始处。而 M30 指令则表示程序执行完成后纸带倒带回到程序开始处，如果是在加工同一个零件，则只需按下循环启动按钮，就可以立即执行程序。近年来，数控系统的程序均是记录在计算机的存储器中，其不存在纸带倒带的问题，而程序的光标（又称指针）在 CNC 系统中返回程序开头非常迅速，所以在现代的 CNC 数控系统中，M02 和 M30 的功能往往设计成功能相同。

在 FANUC 0i 系统中，可以通过参数设置 M02 和 M30 指令在主程序结束后是否将程序自动返回程序的开头。

4）切削液开关指令（M07、M08、M09）：常用的切削液开启指令是 M08，关闭指令是 M09。对于有两个切削液的数控车床，用 M07 控制 2 号切削液的开启。

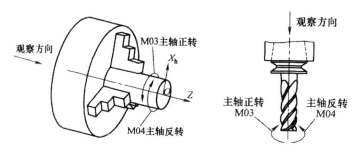

图 2-56 主轴旋转方向正负判断
（a)车床；(b)铣床

2.4.2 程序段的格式

程序段由程序号字、各种功能字、数据字和程序段结束符(;)组成,它作为一个单位来处理的连续的子组,是数控加工程序中的一条语句。

程序段格式是指程序段中的字、字符和数据的安排形式。一个程序段由一组开头是英文字母,后面是数字的信息单元"字"组成,每个字根据字母来确定其意义。字地址程序段的基本格式如下,如图 2-57 所示。

$$N\_ \quad G\_ \quad X\_ \quad Y\_ \quad Z\_ \quad \begin{Bmatrix} I\_ J\_ \\ R\_ \end{Bmatrix} K\_ \quad T\_ \quad \begin{Bmatrix} D\_ \\ H\_ \end{Bmatrix} F\_ \quad S\_ \quad M\_ \quad ;$$

图 2-57 程序段的格式

其中 N——程序段号(任选项),N0000～N9999,或不写;

G——准备功能指令,G00～G99;

X、Y、Z——尺寸字,刀具沿相应坐标轴的位移坐标值,未发生改变的可以不写;

U、V、W——尺寸字,刀具沿相应坐标轴的增量坐标值,未发生改变的可以不写;I、J、K/R——圆弧插补时圆心相对于圆弧起点的坐标或用半径值表示,一般为非续效字;

T——所选刀具号,数控铣削程序可以不写,数控车削程序中还包含刀具偏置(补偿)号;

D、H——刀具偏置(补偿)号,指定刀具半径/长度偏置(补偿)存储单元号;

F——进给速度指令;

S——主轴速度指令;

M_—辅助功能指令；

;—程序段结束符。

对于数控车床，其程序段的基本格式如图 2-58 所示。

$$N_G_\left\{\begin{array}{c}X_Z_\\ \\ U_W_\end{array}\right\}\left\{\begin{array}{c}I_K_\\ \\ R_\end{array}\right\}F_T_S_M$$

图 2-58　数控车床程序段的基本格式

应当说明的是，数控铣床的增量坐标编程一般不用 U_、V_、W_，而是采用 G91 指令指定 X_、Y_、Z_为增量坐标。当今的数控系统绝大多数对程序段中各类功能字的排列不要求有固定的顺序，即在同一程序段中各个功能字的位置可以任意排列。当然，在大多数场合，为了书写、输入、检查和校对的方便，各功能字在程序段中的习惯按以上的顺序排列。

某一数控铣削程序段格式举例：

①N10 G03 X28.0 Y15.0 R10.0 F50 T01 S1000 M08;（习惯排列顺序）

②N10 M08 T01 S1000 F50 G03 X28.0 Y15.0 R10.0。（仍然可正常执行的排列顺序）

以上两段程序中，第一段程序是按习惯书写顺序写的；第二段程序与第一段程序相同，只是书写顺序不同，这并不影响程序的执行，只是看起来不习惯而已。

2.4.3　数控程序的一般格式

程序开始符（单列一段）、程序名（单列一段）、程序主体和程序结束指令（一般单列一段）组成，程序最后还有一个程序结束符（单列一段）等组成了数控程序。发那科使用“%”作为程序的开始符和结束符，程序名规定用英文字母 O 和四位数字组成，即 O××××。程序结束指令可用 M02（程序结束）和 M30（程序结束并返回）。实际使用时依据实际情况和各人的习惯而定，一般用 M30 的较多。数控程序的一般格式如图 2-59 所示。

以上程序中，程序主体是程序的主要部分，各种不同加工程序的差异主要集中在这一部分，其余部分变化不大。

```
%                              程序开始符

01000；                         程序名

N10 G00 G54 X50 Y30 M03 S3000；    ⎫
                                 ⎬
N20 G01 X88.1 Y30.2 F500 T02 M08； ⎭


N300 M30                        程序结束指令

%                              程序结束符
```

图 2-59 数控程序的一般格式

2.4.4 子程序及其调用(M98/M99)

1. 子程序的概念

在工件的加工程序中,如果多次出现加工内容相同或相似的情况,为了简化程序,可以把这些重复的程序段单独列出,并按一定的格式编写成子程序。主程序在执行过程中如果需要某一子程序,通过调用指令来调用该子程序,子程序执行完后又返回主程序,继续执行后面的程序段。

2. 子程序的结构(M99)

子程序的结构如图 2-60 所示。

图 2-60 子程序的结构图

子程序与主程序的差异主要是在其程序结束指令上,子程序是以 M99 作为子程序结束指令。子程序结束指令 M99 允许写在其他程序段中,而不必单独一个程序段。

例:X100.0 Y100.0M99；

3. 子程序调用(M98)

子程序调用指令为 M98。子程序可被主程序或其他子程序调用。子程序调用格式如图 2-61 所示。

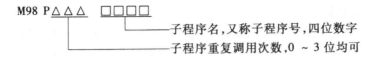

图 2-61　子程序调用格式

一个调用指令可以重复调用子程序最多达 999 次,当不指定重复次数时,则子程序只调用一次。

4. 子程序嵌套

当主程序调用子程序时,被当作一级子程序调用,其还可以进一步调用子程序,这称为子程序嵌套。子程序调用最多可嵌套 4 级,如图 2-62 所示。子程序嵌套有可能进一步简化程序。

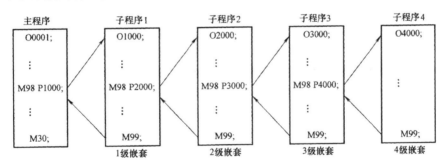

图 2-62　子程序嵌套

图 2-63 为子程序调用示例,图中的子程序被调用了 3 次,首先在 N30 程序段被连续调用了 2 次,然后在 N50 程序段被调用了 1 次。

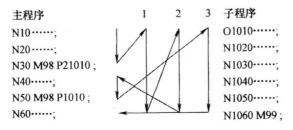

图 2-63　子程序调用示例

2.4.5 数控编程中的数值处理

数控机床一般都具有直线、圆弧等插补功能。数控编程时,数值计算的主要内容是根据零件图样和选定的走刀路线、编程误差等计算出以直线和圆弧组合所描述的刀具轨迹。下面介绍数控编程时经常遇到的两类数值计算问题——基点与节点的计算。

1. 基点及其计算

零件的轮廓曲线一般是由不同的几何要素构成的,所有的零件轮廓都是由直线和曲线中的一种或两种共同构成的。描述各几何要素的基本特征点称为基点。这些基点包括几何要素的起点和终点、圆弧要素的圆心等。其中,各几何要素的起点和终点往往又是相邻几何要素的连接点,包括直线与直线之间的交点、直线与圆弧的交点或切点、圆弧与圆弧之间的交点与切点等。如图 2-64 所示的图样,O_w、A、B、C、D 点均属于基点。

图样中的基点一般可以通过三角函数或联立方程的方法计算获得。对于形状复杂的零件,建议借用 AutoCAD 等绘图软件作图后查询基点的坐标值获得,或直接利用编程软件来完成程序的编制。

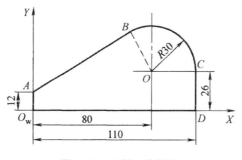

图 2-64　图样上的基点

2. 节点及其处理

当被加工的轮廓线形状与数控机床的插补功能不一致时,比如加工非圆曲线(椭圆、双曲线、抛物线、阿基米德螺旋线、样条曲线等)时,因为一般的数控机床只具备直线和圆弧的插补功能,所以对于非圆曲线常用直线或圆弧线段去逼近曲线,逼近线段与被加工线段的交点或切点称为节点。如图 2-65 所示,曲线用直线段逼近时,其交点 A~E 点即为节点。

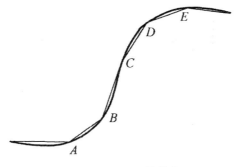

图 2-65　图样上的节点

2.5　数控机床常用编程指令

　　准备功能 G 指令有两种形式,分别是模态指令和非模态指令,其中模态指令又称为续效指令。模态指令一旦在程序中设定,会一直持续到程序段中出现同组的另一指令时才失去效应。非模态指令只在所出现的程序段有效。发那科 Oi. Mate. TD 系统 G 代码又有 A 代码、B 代码、C 代码之分,若无特殊情况,本书均以 A 代码为例进行介绍。

2.5.1　数控机床常用 G 指令

1. 设定工件坐标系指令 G50、G92

　　G50、G92 指令用于规定工件坐标系原点。该指令属于模态指令,其设定值在重新设定前一直有效,一般放在零件加工程序的第一个程序段位置上。

　　格式:G92 X_ Y_ Z_;数控铣床、加工中心

　　G50 X_ Z_;　　　数控车床

2. 可设定的零点偏置指令 G54、G55、G56、G57、G58、G59

　　可设定的零点偏置指令是以机床坐标系原点为基准的偏移,偏移后使刀具运行在工件坐标系中。通过对刀操作将工件原点在机床坐标系中的位置(偏移量)输入到数控系统相应的存储器(G54、G55 等)中,运行程序时调用 G54、G55 等指令实现刀具在工件坐标系中运行,如图 2-66 所示。

　　例:如图 2-66 所示,刀具由 1 点移动至 2 点。

N10　G00 X60　Z110;刀具运行到机床坐标系中坐标为(60,110)位置

N20　G54；　　调用 G54 零点偏置指令

N30　G00 X36　Z20;刀具运行到工件坐标系中坐标为(36,20)位置

指令使用说明：

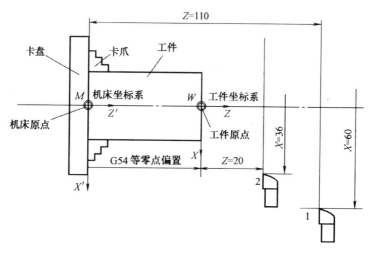

图 2-66　机床坐标系零点偏置情况

1)六个可设定的零点偏置指令均为模态有效代码,一经使用,一直有效。

2)六个可设定的零点偏置功能一样,可任意使用其中之一。

3)执行零点偏移指令后,机床不做移动,只是在执行程序时把工件原点在机床坐标系中位置量代入数控系统内部计算。

4)发那科系统用 G53 指令取消可设定的零点偏置,使刀具运行在机床坐标系中。

3. 平面选择指令 G17、G18、G19

G17、G18、G19 指令用于指定坐标平面,都是模态指令,相互之间可以注销。其作用是让机床在指定平面内进行插补加工和加工补偿。具体指令代码如表 2-9 和图 2-67 所示。

表 2-9　坐标平面及代码

指令代码	坐标平面
G17	XY 平面
G18	ZX 平面
G19	YZ 平面

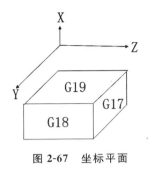

图 2-67   坐标平面

一般三坐标数控铣床和加工中心,开机后数控系统默认为 G17 状态;数控车床默认为 G18 状态。

4. 绝对值编程与增量值编程指令

对于数控铣床和加工中心,绝对值编程指令 G90 和增量值编程指令 G91 是一对模态指令。G90 指令出现后,其后的所有坐标值都是绝对坐标,直至 G91 指令出现;G91 指令出现后,则其后出现的所有坐标值都是增量坐标,直至下一个 G90 指令出现,又改为绝对坐标。机床开机一般默认为 G90 指令。

数控车床当采用绝对尺寸编程时,尺寸字用 X、Y、Z 表示;当采用增量尺寸编程时,尺寸字用 U、V、W 表示。

5. 回参考点指令 G28

参考点是机床上的一个固定点,用该指令可以使刀具非常方便地移动到该位置。

格式:G28   X_ Y_ Z_;

注意:

1)用 G28 指令回参考点的各轴移动速度存储在机床数据中(快速)。

2)使用回参考点指令前,为安全起见应取消刀具半径补偿和长度补偿。

3)发那科系统须指定中间点坐标,刀具经中间点回到参考点。

4)回参考点指令为非模态指令。

6. 公制、英制尺寸设定指令 G21、G20

公制、英制尺寸设定指令是根据设计图纸的要求而选择输入的尺寸是英制还是公制。G21 和 G20 属于模式指令。其中 G20 指令表示英制尺寸,G21 尺寸为英制尺寸。通常开机默认的程序为 G21。

注意:发那科系统 G20、G21 指令必须在程序的开头以一段程序单独制定,一旦程序执行后,就不能切换公制、英制的输入指令。

7. 进给速度单位设定指令 G94、G95(G98、G99)

进给速度单位设定指令 G94、G95(G98、G99)用于确定直线插补或圆弧插补中进给速度的单位,均为模态指令。其中,G94、G95 指令用于使用发那科系统的数控铣床及加工中心,G98、G99 指令用于使用发那科系统的数控车床。

格式:G94(G98) F_;每分钟进给量,尺寸为公制或英制时,单位分别为 mm/min。

G95(G99) F_;每转进给量,尺寸为公制或英制时,单位分别为 mm/r、in/r。

2.5.2 数控机床常用 M 指令

辅助功能常因生产厂家及机床的结构和规格不同而有差异,下面对一些常用 M 指令做出说明。

1. 程序停止指令 M00

执行 M00 指令后,机床的所有动作均暂停,以便进行某种手动操作,如精度检测等。重新按下"循环启动"按钮后,机床便可继续执行后续程序。该指令常用于加工过程中尺寸检测、工件掉头等操作时的暂停。

2. 程序选择停止指令 M01

M01 指令与 M00 指令类似,但是 M01 只有按下机床控制面板上的"选择停止"按钮并执行到 M01 指令时,机床才会暂停,否则机床会无视 M01 指令,继续执行后续程序。该指令的作用是对工件关键部位尺寸的停机抽样检查,在检查完毕后,按下"循环启动"按钮,机床便继续执行后续程序。

3. 程序结束指令 M02、M30

程序结束指令用于程序的最后一个程序段,表示程序全部执行完毕,主轴、进给及切削液等全部停止,机床复位。M02 指令和 M30 指令之间的区别在于 M02 指令程序结束后,机床复位,光标不返回程序开始段,而 M30 指令程序结束后,机床复位,光标返回程序开始段,为加工下一个工件做好准备。

4. 与主轴有关的指令 M03、M04、M05

M03、M04、M05 指令分别表示主轴正转、主轴反转和主轴停止。主轴正(反)转是从主轴向 Z 轴正向看,主轴顺时针(逆时针)转动。

5. 换刀指令 M06

M06 指令是手动或自动换刀指令,不包括刀具选择功能,常用于加工中心换刀。

6. 与切削液有关的指令 M07、M08、M09

M07 指令为 2 号切削液(雾状)开,M08 指令为 1 号切削液(液态)开,M09 指令为切削液关。

7. 与子程序有关的指令 M98、M99

M98 指令为子程序调用指令,M99 指令为子程序结束并返回主程序指令。

2.6　典型零件数控加工工艺分析

2.6.1　螺纹锥轴数控车削加工工艺

图 2-68 所示的螺纹锥轴材料为 45 钢,无热处理和硬度要求,选用 CK6140 数控车床加工,其车削加工工艺分析如下。

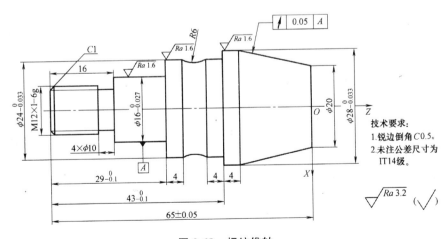

图 2-68　螺纹锥轴

1. 零件工艺分析

由图 2-68 可知,螺纹锥轴需要加工的有外圆柱面、外槽、外圆锥面、外螺纹和圆弧,结构形状较复杂,且尺寸精度和表面粗糙度要求较高,还有圆跳动公差的要求。在加工批量较小的情况下,毛坯可选择 $\phi30mm$ 钢棒。

2. 确定装夹方案

工件装夹在自定心卡盘中,用划线盘找正;调头装夹后,用指示表找正。

3. 确定加工顺序和进给路线

应采用调头装夹进行车削,先夹住毛坯外圆,车削左端外圆、螺纹表面;然后调头夹住 $\phi16mm$ 外圆,车削右端面、外圆、锥面等。调头装夹时,应用指示表找正,以保证位置精度。工艺路线如下:

(1)夹住毛坯外圆

①车左端面。

②粗、精车外轮廓。

③车螺纹退刀槽。

④粗、精车螺纹。

(2)调头夹住 $\phi16mm$ 外圆,找正

①车右端面,控制总长。

②粗、精车外轮廓。

③去毛刺。

轮廓粗加工采用外圆粗车循环,R6mm 凹圆弧面采用等圆心法去除粗加工余量;精加工通过编写轮廓程序加工。

4. 选择刀具

粗、精加工外圆轮廓用 90° 外圆车刀,切槽用切槽刀,加工螺纹表面用螺纹车刀。因存在 R6mm 凹圆弧,外圆粗、精加工车刀副偏角应足够大,避免副切削刃切削时产生干涉。具体规格、参数见表 2-10。

5. 选择切削用量

(1)背吃刀量的选择

因钢棒直径较细,刚度不足,粗车轮廓时选择 $a_p = 1.5mm$,精车时选择 $a_p = 0.1mm$。

表 2-10 数控加工刀具卡

产品名称或代号	×××		零件名称	螺纹锥轴		零件图号	SKC6-2
序号	刀具号	刀具名称	数量	加工表面	刀尖半径		刀尖方位
1	T01	90°硬质合金粗车刀	1	粗车外轮廓	0.4mm		3
2	T02	90°硬质合金精车刀	1	精车外轮廓	0.2mm		3
3	T03	硬质合金切槽刀	1	切槽、切断	刀头宽 4mm		
4	T04	60°硬质合金螺纹车刀	1	车螺纹	0.2mm		
编制		审核		批准		共 1 页	第 1 页

（2）主轴转速的选择

根据手册，选取粗车切削速度 $v_c＝90m/min$，精车切削速度 $v_c＝120m/min$，然后利用公式计算出主轴转速，粗车时 $n＝800r/min$，精车时 $n＝1200r/min$。

（3）进给量的选择

粗车时选择每转进给量为 0.2mm，精车时为 0.1mm。根据前面分析的各项内容，制成数控加工工序卡，见表 2-11、表 2-12。

表 2-11 加工左端轮廓数控加工工序卡

单位名称	×××		产品名称及代号	零件名称		零件图号	
			×××	螺纹锥轴		SKC6-2	
工序号	程序名		夹具名称	使用设备	数控系统	车间	
001	00062		自定心卡盘	CK6140	发那科 0i-Mate	×××	
工步号	工步内容	刀具号	刀具规格/mm	转速 $n/(r/min)$	进给量 $f/(mm/r)$	背吃刀量 a_p/mm	备注
1	车端面	T01	20×20	600	0.2	1.5	自动
2	粗车外轮廓留余量 0.2mm	T01	20×20	800	0.2	1.5	自动
3	精车各表面至尺寸	T02	20×20	1200	0.1	0.1	自动
4	车槽 4mm×φ10mm 至尺寸	T03	20×20	300	0.08	4	自动
5	粗、精车 M12×1～6g 螺纹至尺寸	T04	20×20	400	1.5		自动
编制		审核		批准		共 1 页	第 1 页

表 2-12　加工右端轮廓数控加工工序卡

单位名称	×××	产品名称及代号		零件名称	零件图号
		×××		螺纹锥轴	SKC6-2
工序号	程序名	夹具名称	使用设备	数控系统	车间
002	O0620	自定心卡盘	CK6140	发那科 0i-Mate	×××

工步号	工步内容	刀具号	刀具规格/mm	转速 $n/(\text{r/min})$	进给量 $f/(\text{mm/r})$	背吃刀量 a_p/mm	备注
1	车端面	T01	20×20	600	0.2	1.5	手动
2	粗车外轮廓留余量 0.2mm	T01	20×20	800	0.2	1.5	自动
3	精车各表面至尺寸	T02	20×20	1200	0.1	0.1	自动
编制		审核		批准		共 1 页	第 1 页

2.6.2　十字凹台铣削加工工艺

图 2-69 所示的十字凹台材料为 45 钢,无热处理和硬度要求,选用 XK800 数控铣床加工,其铣削加工工艺分析如下。

1. 零件工艺分析

由图 2-69 可知,十字凹台需要加工的有外轮廓、内轮廓、孔和平面,外轮廓结构较简单,内轮廓形状较复杂,且孔的尺寸精度和表面粗糙度要求较高。毛坯为预制的 80mm×80mm×20mm 钢锭,底面及四周表面已提前加工。

2. 确定装夹方案

工件装夹在机用虎钳上,机用虎钳用指示表找正,X、Y 方向用寻边器对刀,Z 方向用对刀仪进行对刀。

3. 确定加工顺序和进给路线

该零件内、外轮廓及孔需要加工。首先粗、精铣坯料上表面,以保证深度尺寸精度;然后粗、精铣削内、外轮廓;最后钻、铰孔。

①粗、精铣坯料上表面,粗铣余量根据毛坯情况由程序控制,留精铣余量 0.5mm。

②用 $\phi16\text{mm}$ 键槽铣刀粗、精铣内、外轮廓和 $\phi25^{+0.1}_{0}\text{mm}$ 内轮廓。

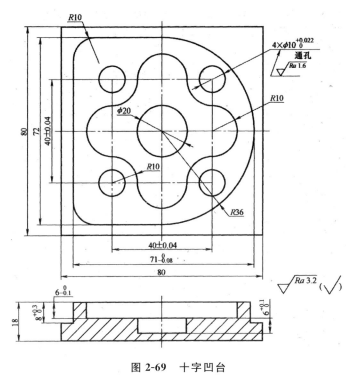

图 2-69   十字凹台

③用中心钻钻 $4 \times \phi 10_0^{+0.022}$ mm 中心孔。

④用 $\phi 9.7$ mm 麻花钻钻 $4 \times \phi 10_0^{+0.022}$ mm 孔。

⑤用 $\phi 10H8$ 机用铰刀铰 $4 \times \phi 10_0^{+0.022}$ mm 孔。

4. 选择刀具

上表面铣削用面铣刀;内、外轮廓铣削用键槽铣刀铣削;孔加工用中心钻、麻花钻、刀,其规格、参数见表 2-13。

表 2-13   数控加工刀具卡

产品名称或代号		×××	零件名称	十字凹台	零件图号	SKX06
序号	刀具号	刀具名称	数量		直径/mm	备注
1	T01	面铣刀	1		$\phi 60$	
2	T02	键槽铣刀	1		$\phi 16$	
3	T03	中心钻	1		A2	
4	T04	麻花钻	1		$\phi 9.7$	
5	T05	机用铰刀	1		$\phi 10H8$	
编制		审核	批准		共1页	第1页

5. 选择切削用量

加工钢件,粗加工深度除留有精加工余量外,应进行分层切削。切削速度不可太高,垂直下刀进给量应小,参考切削用量见表2-14。

表2-14 十字凹台数控加工工序卡

单位名称	×××	产品名称及代号	零件名称	零件图号		
		×××	十字凹台	SKX06		
工序号	程序名	夹具名称	使用设备	数控系统		车间
001	00033	机用虎钳	XK800	发那科 0i. Mate		×××
工步号	工步内容		刀具号	刀具直径/mm	转速 n/(r/min)	进给量 f/(mm/min)	备注
1	粗铣坯料上表面		T01	$\phi 60$	500	100	自动
2	精铣坯料上表面		T01	$\phi 60$	800	80	自动
3	粗铣外轮廓、内轮廓		T02	$\phi 16$	800	100	自动
4	精铣外轮廓、内轮廓		T02	$\phi 16$	1200	100	自动
5	钻中心孔		T03	A2	1000	100	自动
6	钻 $4\times\phi 10_0^{+0.022}$ mm 孔		T04	$\phi 9.7$	800	100	
7	钻 $4\times\phi 10_0^{+0.022}$ mm 孔		T05	$\phi 10H8$	120	100	
编制		审核		批准	共1页	第1页	

第3章　数控车床编程与加工技术

数控车床是一种能够完成回转类零件车削加工的高效自动化机床，主要用于加工轴类、套类和盘类等简单回转体零件。在此基础上，研制出数控车削中心和数控车铣中心，适宜加工复杂形状的回转体零件，加工质量和生产效率较高。

3.1　数控车床概述

3.1.1　数控车床的分类及加工特点

1. 数控车床的分类

随着数控车床制造技术的不断发展，为了满足不同的加工需要，数控车床的品种越来越多。其产品繁多，规格不一。

（1）按数控车床主轴的配置形式分类

①卧式数控车床。主轴轴线处于水平位置的数控车床。

②立式数控车床。主轴轴线处于竖直位置的数控车床。

（2）按数控系统控制的轴数分类

①两轴控制的数控车床。机床上只有一个回转刀架，可实现两坐标轴控制。

②四轴控制的数控车床。机床上有两个独立的回转刀架，可实现四轴控制。

（3）按加工零件的基本类型分类

①卡盘式数控车床。数控车床未设置尾座，适合于车削盘类零件。

②顶尖式数控车床。数控车床设置有普通尾座或数控尾座，适合于车削较长的轴类零件及直径不太大的盘、轴类零件。

2. 数控车床的特点

（1）精度要求高的零件

数控车床具有较强的刚性，较高的精度，还可以提供精确度较高的人工补偿和自动补偿，因此使用数控车床可以加工对尺寸精度、母线直线度、圆度等要求较高的零件。

（2）表面粗糙度小的回转体零件

数控车床还可以进行恒线速度切削，通过控制不同的线速度可以得到满足不同要求的切削断面。如果需要加工粗糙度较小的零件，则能够依靠减慢进给速度的方式来实现。

（3）带一些特殊类型螺纹的零件

数控车床不但能加工任何等导程的直、锥面螺纹和端面螺纹，而且能加工增导程、减导程，以及要求等导程与变导程之间平滑过渡的螺纹。

（4）以特殊方式加工的零件

①能代替双机高效加工零件，如在一台六轴的数控车床上，有同轴线的左右两个主轴和前后两个刀架，既可以同时车削出两个相同的零件，也可以车削两个工序不同的零件。

②在同样一台六轴控制并配有自动装卸机械手的数控车床上，棒料装夹在左主轴的卡盘上，用后刀架先车削出有较复杂的内、外形轮廓的一端后，有装卸机械手将其车削后的半成品转送到右主轴卡盘上定位（径向和轴向），并夹紧，然后通过前刀架按零件总长要求切断，并进行其另一端的内、外形加工从而实现一个位置精度要求高，内、外形均较复杂的特殊零件全部车削过程的自动化加工。

3.1.2 数控车床技术参数及加工精度分析

1. 数控车床的技术参数

数控车床的技术参数可分为几个重要的部分。

（1）与机床加工零件几何尺寸相关的参数

• 床身上最大工件回转直径（mm）：允许工件的最大直径。

• 滑板上最大工件回转直径（mm）：可加工的工件直径。

• 最大工件长度（mm）：允许工件的长度，如 1000mm。

• 最大加工长度（mm）：可加工的工件长度，如 500（750 规格）、810（1000 规格）。

- 横向最大行程(mm)：X 向刀架能移动的范围。
- 纵向最大行程(mm)：Z 向刀架能移动的范围。
- 主轴通孔直径(mm)：允许通过主轴孔的工件的最大直径。
- 尾座套筒最大行程、锥孔锥度、套筒直径。
- 机床外形尺寸(长×宽×高)(mm)。

(2)动力源的功率与控制速度等参数
- 主轴转速范围(r/min)：允许主轴转速，如 50～4000r/min。
- 主电动机功率(kW)：主轴电动机额定功率。
- 快进速度(mm/min)：如 1000mm/min。

(3)与运动控制方式与控制精度有关的参数
- 最小控制精度(或脉冲当量)：如 X 轴 0.005，Z 轴 0.01。
- 定位精度(mm)：是指刀具实际位置与理想位置的一致性，如 Z 向≤ 0.01/300mm，X 向≤0.01/300mm。
- 重复定位精度(mm)：是指在同一台机床上用相同程序加工一批零件得到连续结果的一致程度，如 Z 向≤±0.005mm，X 向≤ ±0.005mm。
- 刀位数、换刀时间及刀架最大回转直径：如 CK6140 数控车床为四工位刀架，刀架回转直径 160mm。
- 数控系统类型：如 FANUC 0i-mate、安川 J50L、西门子 802C/S、华中世纪星 HNC-21T 等。

2. 被加工零件的精度及技术要求分析

精度及技术要求分析的主要内容如下：

①分析精度及各项技术要求是否齐全、合理。对采用数控加工的表面，其精度要求应尽量一致，以便最后能一刀连续加工。

②分析本工序的数控车削加工精度能否达到图样要求，若达不到，需采取其他措施(如磨削)，注意给后续工序留有余量。

③找出图样上有较高位置精度要求的表面，这些表面应在一次装夹下完成。对表面粗糙度要求较高的表面，应确定用恒线速切削。

3.2　数控车削加工工艺处理

3.2.1　数控车削加工方案拟订

一般情况下，要根据零件的加工精度、表面粗糙度、材料、结构形状、尺寸及生产类型确定加工方法及加工方案。

例如,对淬火钢等难车削材料,其淬火前可采用粗车、半精车的方法,淬火后安排磨削加工。各类难切削材料的物理化学性能、具体加工方法需要分类分析。

1. 高强度钢

一般为低合金结构钢,合金元素总含量不超过 6%。如 40Cr、38CrSi、30CrMnTi、38CrNi3MoVA、60Si2MnA 等。超高强度钢的 $\sigma_b \geqslant 1500$MPa,常用的牌号有 35CrMnSiA、35Si2M2MoV、30CrMnSiNi2、45CrNiMoVA、4Cr5MoVSi 等。弹簧钢、轴承钢、工模具钢在调质或淬火后都有较高的硬度(一般在 30~40HRC 以上)和强度(可达 1500MPa 以上)。这些难加工零件材料的剪切强度高、切削力大、消耗的切削功多、切削区温度高,易使刀具崩刀和快速磨损。加工时需要设计工艺方案,选择刀具材料、刀具几何参数、切削用量。例如,35CrMnSiA 超高强度钢半精车、精车加工:

刀片材料为 YN05(碳化钛基硬质合金)。

刀具几何参数如下:半精加工取 $\gamma_o = 0° \sim 2°$,$\alpha_o = 6°$,$\kappa_r = 45°$,$\kappa_r' = 27°$,$\lambda_s = -4°$。精加工取 $\gamma_o = 4°$,$\alpha_o = 6°$,$\kappa_r = 54°$,$\kappa_r' = 18°$,$\lambda_s = -6°$。

切削用量:半精加工取 $a_p = 0.5$mm,$f = 0.5$mm/r,$v_c = 79$m/min;精加工取 $a_p = 0.3$mm,$f = 0.13$mm/r,$v_c = 100$m/min。

2. 高锰钢

如 ZGMn13、70M15Cr2A13WMoV2、1Cr14Mn14Ni、6Mn18Al5Si2T 等。在切削过程中,塑性变形大,会产生加工硬化现象,切削力大为增加,加剧了切削刀具磨损,切削力和切削功率大,切削区切削温度高。高锰钢的韧性约是 45 钢的 8 倍,切屑不易折断。高锰钢工件在粗加工后,需待工件冷却后再进行精加工,加工工艺需慎重选择。例如,用大刃倾角车刀车削 ZGMn13,采用的方案如下:

刀片材料:粗车用 YS2,精车用 YM052。

切削用量:$a_p = 1 \sim 4$mm,$f = 0.6 \sim 1$mm/r,$v_c = 20 \sim 40$m/min。

加工刀具采用较大的正前角,减小切削变形和加工硬化;同时采用适当的刃倾角,可增强刀尖和切削刃的抗冲击能力。主偏角和副偏角较小,减轻主切削刃单位长度上的负荷,采用刀尖角较大(125°)、2mm 宽的平刃,增加刀尖的强度,改善散热条件。

3. 不锈钢

有马氏体不锈钢、奥氏体不锈钢、铁素体不锈钢、奥氏体铁素体不锈钢等多种。另外,不锈钢切削时塑性变形大、加工硬化切削力大。不锈钢导热性不好,切削区局部温度很高,容易使刀具发生黏附磨损、积屑瘤,使加工表面粗糙度值增大。数控车削加工不锈钢工件要注意:

①选择合适的刀具材料,即应选用红硬性高、抗弯强度高、耐磨、导热性好、抗黏结、抗扩散和抗氧化磨损性能好的刀具材料。

②选择合理的刀具几何参数。

为减小加工时的塑性变形、加工硬化和减小切削力,在保证切削刃强度的前提下,尽量选用较大的前角。例如:用高速钢刀具粗车,$\gamma_o = 10° \sim 15°$;半精车,$\gamma_o = 15° \sim 20°$;精车,$\gamma_o = 20° \sim 30°$。硬质合金刀具的 γ_o 取较小值,在 $3° \sim 14°$。

材料:一种美国 2169 奥氏体不锈钢,实测 $\sigma_b \geqslant 700\mathrm{MPa}$,$\delta_5 > 40\%$,$\varphi > 50\%$,$\mathrm{HBS} \leqslant 190$。

刀具:YH1(株洲硬质合金厂牌号)焊接式刀具,$\gamma_o = 22°$,$\alpha_o = 10°$,$\kappa_r = 90°$,$r_c = 0.1 \sim 0.2\mathrm{mm}$。

切削用量:$v_c = 60\mathrm{m/min}$,$a_p = 0.03 \sim 0.4\mathrm{mm}$,$f = 0.05\mathrm{mm/r}$,硫化切削油冷却。

效果:加工刚性很差的工件内外圆,表面粗糙度可稳定到 Ra0.8 ~ 1.6 $\mu\mathrm{m}$。

4. 各类合金钢

有铁基高温合金、铁镍基高温合金、镍基高温合金和钴基高温合金等。这类材料在高温下仍能保持高硬度和强度,加工硬化切削力大、切削温度高、刀具易磨损。要选择高性能的可转位刀片或焊接时车刀,要注意参考已有的加工工艺,注意选择刀具材料、刀具几何参数、切削用量。

5. 工程塑料等

工程塑料切削力小、导热性与耐热性差;组织不均、回弹性强,刀具的切削刃要非常锋利、耐磨。由于其断屑困难,用顺向切削方案的表面质量较好。

总之,为了使刀具结构、刀具材料、几何参数等便于灵活掌握,在加工难加工材料尤其是精加工时,使用焊接式刀具。要注意刃磨质量,数控车削时,车刀的刀尖圆角误差还将直接影响到工件形状和位置精度,需要准确控制,数控车刀应在专用工具磨床上用金刚石砂轮刃磨。

3.2.2 数控车削的加工零件特点及适应性分析

1. 主要加工零件的特点

从控制原理来看,由于数控车床具有直线、圆弧插补功能,有的具备宏程序功能,主要用来车削由直线、曲线组成的回转体零件。

数控车床进给运动是由伺服电动机经滚珠丝杠,传到滑板和刀架,实现横向(X向)和纵向(Z向)移动。数控车削加工工艺范围涵盖内、外回转体表面的车削、钻孔、切槽、切断、镗孔、铰孔和攻螺纹等,主要加工以下几类零件:轮廓形状复杂、精度要求高的回转体零件,带特殊螺纹的回转体零件,以及要用特殊方法加工的回转体零件等。各类典型零件图样参见图3-1~图3-9。

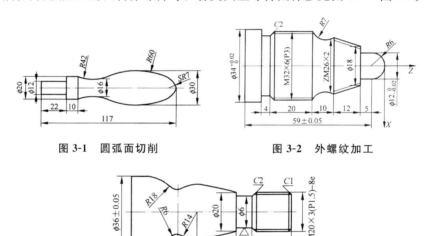

图 3-1　圆弧面切削　　　　　　　　图 3-2　外螺纹加工

图 3-3　外圆、圆弧及螺纹加工

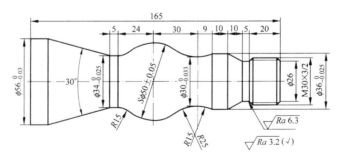

图 3-4　轴类零件

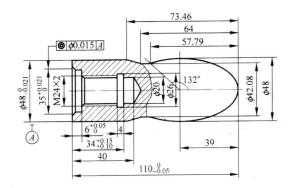

图 3-5　镗内镗孔

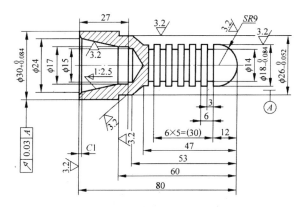

图 3-6　车槽加工

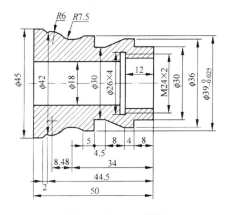

图 3-7　加工内螺纹

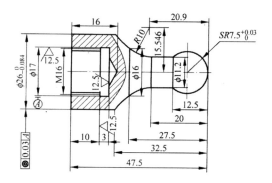

图 3-8　内螺纹、球面加工

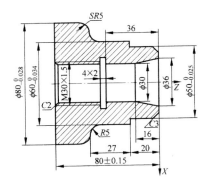

图 3-9　弧面、螺纹及内外表面成形加工

图 3-1～图 3-9 所示的零件图样要求具有以下一些特点：

（1）形状精度要求高

用传统机床加工，费时费力，精度难以控制。现代数控车床刚性好，对刀精度高，能精确地进行补偿，在有些场合可以以车代磨。可以加工对形状要求较高的零件，多道工序可以只需进行一次装夹，加工工件的位置精度也高。

（2）表面质量要求高

数控车床具有恒线速度切削功能，因此可以实现不同端面的切削加工，并且满足各部位不同粗糙度的要求。

（3）结构形状复杂

如带特殊螺纹等，用普通机床加工螺纹，操作烦琐，质量较差，有的无法加工出来。数控车削出来的螺纹精度高，质量稳定。

2. 零件的数控车削加工适应性分析

对于需要数控加工的零件，需要选择出适合数控加工的内容和工序，应该按照以下方面进行选择：

（1）由轮廓曲线构成的回转表面

如图 3-1～图 3-9 所示的弧回转表面，须用数控车削加工方能满足技术要求，提高加工效率。

（2）具有微小尺寸要求的结构表面

加工此类结构正是数控加工优越性的表现。例如，国外某些汽车上的传动零件（带轮），在产品设计上大量采用了微小尺寸的结构并有精度要求（如各种小过渡倒角、小圆弧等），如轴承内圈中的多处小尺寸圆弧过渡，有的表示为 C0.1 的微小过渡倒角，都属于这种情况。

（3）超精密、超低表面粗糙度值的零件

数控车床超精加工的轮廓精度可达到 0.1μm，表面粗糙度值达 Ra0.02μm，超精加工所用数控系统的最小分辨率应达到 0.01μm。

（4）同一表面采用多种设计要求的结构

如带轮的轴孔直径常采用两种尺寸设计要求，尺寸相差很小，配合不同，且半径相差仅 0.01mm，并且两种尺寸过渡倒角也有要求，为保证装配配合精度、满足装配方便要求，适用数控设备加工。

（5）表面间有严格几何关系要求的表面

此类几何关系是指表面间相切、相交或有一定的夹角等连接关系，如零件中的多处相切关系，需要在加工中连续切削才能形成，这样的结构应采用数控机床连续走刀加工。

（6）表面间有严格位置精度要求

使用普通机床无法一次达到安装加工要求的表面，如轴承内圈的滚道和内孔的壁厚差有严格要求，可采用数控加工解决。

3.2.3　数控车床加工切削用量

1. 切削用量

数控车床切削用量可参考表 3-1 选取。

2. 加工余量

数控车削需要多道工序，每一工序所切除的金属层厚度称为工序余量。为了满足加工要求，需要从其毛坯表面分多次切去全部多余的金属层，这一金属层的总厚度称为该表面的加工总余量。某表面的加工总余量与该表面工序余量之间的关系为

$$Z_总 = Z_1 + Z_2 + \cdots + Z_n$$

式中,n 为加工该表面的工序(或工步)数目。

表 3-1　数控车床切削用量

工件材料	加工方式	背吃刀量/mm	切削速度/(m/min)	进给量/(mm/r)	刀具材料
碳素钢 $\sigma_b >$ 600MPa	粗加工	5～7	60～80	0.2～0.4	YT 类
		2～3	80～120	0.2～0.4	
	精加工	0.2～0.3	120～150	0.1～0.2	
	车螺纹		70～100	导程	
	钻中心孔		500～800r/min		W18Cr4V
	钻孔		～30	0.1～0.2	
	切断(宽度<5mm)		70～110	0.1～0.2	YT 类
合金钢 $\sigma_b =$ 1470MPa	粗加工	2～3	50～80	0.2～0.4	YT 类
	精加工	0.1～0.15	60～100	0.1～0.2	
	切断(宽度<5mm)		40～70	0.1～0.2	
铸铁 200HBS 以下	粗加工	2～3	50～70	0.2～0.4	
	精加工	0.1～0.15	70～100	0.1～0.2	
	切断(宽度<5mm)		50～70	0.1～0.2	
铝	粗加工	2～3	600～1000	0.2～0.4	YG 类
	精加工	0.2～0.3	800～1200	0.1～0.2	
	切断(宽度<5mm)		600～1000	0.1～0.2	
黄铜	粗加工	2～4	400～500	0.2～0.4	
	精加工	0.1～0.15	450～600	0.1～0.2	
	切断(宽度<5mm)		400～500	0.1～0.2	

3.2.4　加工线路的优化选择方法

加工路线或进给路线,是指数控机床加工过程中刀具相对零件的运动轨迹和方向,也称走刀路线。进给路线是编写程序的依据之一,因此,在确定进给路线时需绘制工序简图,将已经拟订的进给路线画上去(包括进、退刀路线),保证编程的完整、实用。

1. 常用的粗加工进给路线

(1)"矩形"循环进给路线

图 3-10(a)为利用数控系统具有的矩形循环功能而安排的"矩形"循环进给路线。

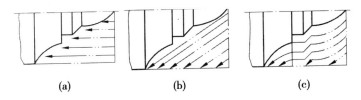

图 3-10　常用的粗加工循环进给路线

(a)"矩形"循环进给路线;(b)"三角形"循环进给路线;

(c)沿轮廓形状等距线循环进给路线

(2)"三角形"循环进给路线

图 3-10(b)为利用数控系统具有的三角形循环功能安排的"三角形"循环进给路线。

(3)沿轮廓形状等距线循环进给路线

图 3-10(c)表示利用数控系统具有的封闭式复合循环功能控制车刀沿着工件轮廓等距线循环的进给路线。

(4)阶梯切削路线

主要针对车削大余量工件,如图 3-11 所示。正确的阶梯切削路线应尽量使得每次切削所留余量相等,如图 3-11(b)所示;而图 3-11(a)所示的加工方式不合理。

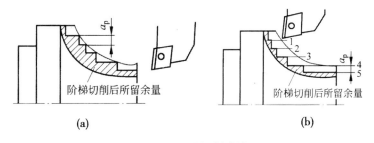

图 3-11　阶梯切削路线

(a)正确的阶梯切削路线;(b)不合理的阶梯切削路线

从数控加工的实践来看,针对不同零件形状及毛坯,总结切削工艺优化方法,运用运动仿真分析等方法,可使切削进给路线为最短,达到有效地提高生产效率,节省整个加工过程时间。减少机床进给机构滑动部件的磨损,降低刀具的损耗。

2. 精加工进给路线的确定

首先,完工轮廓的进给路线。在安排一刀或多刀进行的精加工进给路线时,其零件的完工轮廓应由最后一刀连续加工而成。避免安排切入、切出、换刀等动作。

其次,若各部位精度相差不是很大时,精加工进给路线应以最严的精度为准,连续走刀加工所有部位。若各部位精度相差很大,则先加工精度较低的部位,最后单独安排精度高的部位的走刀路线。

例如,盘类零件(长径比小于等于1)的加工路线,如图 3-12 所示为盘类零件常用加工路线。图 3-13 为余量分布较均匀的铸、锻件的加工路线。图 3-14 为圆锥面的加工路线。

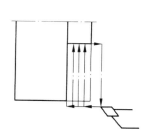

图 3-12 盘类零件常用加工路线

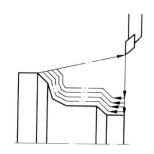

图 3-13 铸、锻件的加工路线

图 3-15 为圆弧面的加工路线。加工圆弧面通常有同心圆、三角形、矩形等方式的加工路线。图 3-15(a)编程计算较为复杂,精加工时切削余量较大,图 3-15(b)切削时受力较均匀,编程较方便,图 3-15(c)编程计算量大,精加工刀具受力不均匀。

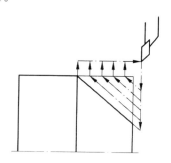

图 3-14 圆锥面的加工路线

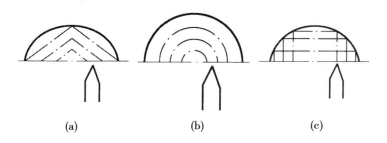

图 3-15　圆弧面的加工路线

(a)加工圆弧面为三角形；(b)加工圆弧面为同心圆；(c)加工圆弧面为矩形

3.3　数控车床编程

3.3.1　准备功能 G 代码

准备功能 G 指令由字母 G 和一位或两位数值组成,它用来规定刀具和工件的相对运动轨迹、机床坐标系、坐标平面、刀具补偿、坐标偏置等多种加工操作。FANUC 0i-T 系统常用 G 代码及功能如表 3-2 所示。

表 3-2　FANUC 0i-T 系统常用 G 代码及功能

G 代码	组	功能	G 代码	组	功能
* G00	01	快速点定位	G50	00	主轴最高转速设置（或坐标系设定）
G01		直线切削			
G02		顺时针圆弧插补	G52		设置局部坐标系
G03		逆时针圆弧插补	G53		选择机床坐标系
G04	00	暂停	* G54	14	选择工件坐标系 1
G09		停于精确的位置	G55		选择工件坐标系 2
G20	06	英制输入	G56		选择工件坐标系 3
* G21		公制输入	G57		选择工件坐标系 4
G22	04	内部行程限位有效	G58		选择工件坐标系 5
G23		内部行程限位无效	G59		选择工件坐标系 6

G 代码	组	功能	G 代码	组	功能
G27	00	检查参考点返回	G70	00	精加工循环
G28		参考点返回			
G29		从参考点返回	G71		内外径粗切循环
			G72		端面粗切循环
G30		回到第二参考点	G73		成形粗切循环
G32	01	切螺纹	G74		端面啄式钻孔循环
* G40	07	取消刀尖半径偏置			
G41		刀尖半径左偏置	G75		内外径啄式钻孔循环
G42		刀尖半径右偏置	G76		螺纹切削循环
G90	01	内外径切削循环	G96	02	恒线速度控制
G92		切螺纹循环	* G97		恒线速度控制取消
G94		端面切削循环	G98	05	指定每分移动量
			* G99		指定每转移动量

注:带 * 者是开机时会初始化的代码。

本节以 FANUC 0i-T 系统为例说明数控机床的编程功能。

3.3.2 数控车床的主要编程指令

1. 坐标系设定指令

(1)工件坐标系设定指令

指令格式:

G50 X_Z_

其中,X、Z 分别为刀具起始点在工件坐标系中的坐标值。

还可以使用零点偏置指令 G54～G59 来建立工件坐标系,工件坐标系零点的坐标值在系统参数中预先设置。此 6 个工件坐标系可根据需要任意选用。

(2)绝对值和增量值编程

在数控车床编程中,X 轴和 Z 轴坐标值的表示方法有绝对值和增量值两种。绝对值编程时,用 X、Z 表示 X 轴和 Z 轴的坐标值;增量值编程时,用 U、W 表示 X 轴和 Z 轴上的移动量。

2. 尺寸单位设置指令

指令格式：

G20

G21

G20 表示英制尺寸单位输入，G21 表示公制尺寸单位输入。

在工程制图中进行尺寸标注时，可以采用公制和英制两种尺寸形式。数控系统可根据所设定的状态，利用代码把所有的几何值转换为公制尺寸或英制尺寸，同样进给率 F 的单位也分别为 mm/min(in/min)或 mm/r(in/r)。

公制与英制单位的换算关系为

$$1mm \approx 0.0394in$$
$$1in = 25.4mm$$

3. 快速点定位指令 G00

G00 用于快速定位，可以在几个轴上同时执行快速移动，由此产生合成线性轨迹。

指令格式：

G00 X(U)_Z(W)_

其中，X、Z 为绝对编程时刀具移动的目标点坐标；U、W 为增量编程时目标点相对于起点的位移量。

4. 直线插补指令 G01

直线插补指令是直线运动指令，它命令刀具在两坐标轴间以插补联动方式，按指定的进给速度做任意斜率的直线运动。图 3-16 所示为车削加工直线插补的刀具轨迹，从点 (X_1,Z_1) 到点 (X_2,Z_2)，然后到点 (X_3,Z_3)，刀具的运动路径均为直线。

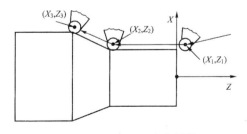

图 3-16　车削加工直线插补

指令格式：

G01 X(U)_Z(W)_F_

其中,X、Z 为绝对编程时刀具移动的目标点坐标；U、W 为增量编程时目标点相对于起点的位移量；F 为进给速度。

5. 圆弧插补指令 G02、G03

(1)顺、逆圆弧的判断

圆弧插补指令分为顺时针圆弧插补指令(G02)和逆时针圆弧插补指令(G03)。圆弧顺、逆的判断,是观察者在迎着 Y 轴的指向所面对的平面内,根据插补的旋转方向为顺时针或逆时针来区分的。数控车床的刀架位置有两种形式,即刀架在操作者内侧或在操作者外侧,如图 3-17 所示。

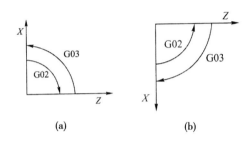

图 3-17　圆弧的顺逆方向与刀架位置的关系

(a)刀架在外侧时,G02、G03 方向；(b)刀架在内侧时,G02、G03 方向

(2)G02、G03 的编程格式

①用 I、K 指定圆心位置,即

$$\left.\begin{array}{c}G02\\G03\end{array}\right\}X(U)\_Z(W)\_I\_K\_F\_$$

②用圆弧半径 R 指定圆心位置,即

$$\left.\begin{array}{c}G02\\G03\end{array}\right\}X(U)\_Z(W)\_R\_F\_$$

圆弧的圆心坐标为 I、K,表示从圆弧起点到圆弧中心所作的矢量分别在 X、Z 坐标轴方向上的分矢量(矢量方向指向圆心,即圆弧中心相对圆弧起点的增量)。图 3-18 分别给出了在绝对坐标系中,顺弧与逆弧加工时的圆心坐标 I、K 的关系。

6. 螺纹车削加工指令

常见螺纹的形式如图 3-19 所示。

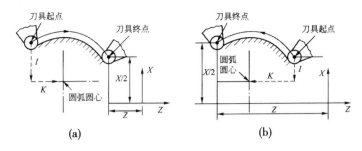

图 3-18 绝对坐标系中的圆心坐标

(a)顺弧插补 G02 时的圆心坐标;(b)逆弧插补 G03 时的圆心坐标

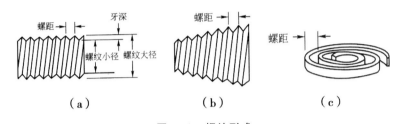

图 3-19 螺纹形式

(a)圆柱螺纹;(b)圆锥螺纹;(c)端面螺纹

指令格式:

G32 X(U)_Z(W)_F_

其中,X、Z 为绝对编程时螺纹终点的坐标;U、W 为增量编程时螺纹终点相对于起点的位移量;F 为螺纹的导程,其单位采用旋转进给率,即 mm/r。

螺纹加工中的大径应根据螺纹尺寸标注和公差要求进行计算,并由外圆车削来保证;螺纹车削加工为成形车削,且切削进给量较大,刀具强度较差,一般要求分数次进给加工。

常用螺纹切削的进给次数与吃刀量可参考表 3-3。

7. 暂停指令 G04

G04 指令可使刀具做短暂的无进给光整加工,一般用于切槽、镗平面、锪孔等场合:

指令格式:

G04 X(P)_

其中,地址码 X 或 P 为暂停时间,X 后面可用带小数点的数,单位为 s,如 G04 X5.0 表示暂停 5s;地址 P 后面不允许用小数点,单位为 ms,如 G04 P1000 表示暂停 1s。

表 3-3   常用螺纹切削的进给次数与吃刀量

公制螺纹							
螺距/mm	1.0	1.5	2	2.5	3	3.5	4
牙深(半径值)	0.649	0.974	1.299	1.624	1.949	2.273	2.598
(直径值)切削次数及吃刀量	1 次	0.7	0.8	0.9	1.0	1.2	1.5	1.5
	2 次	0.4	0.6	0.6	0.7	0.7	0.7	0.8
	3 次	0.2	0.4	0.6	0.6	0.6	0.6	0.6
	4 次		0.16	0.4	0.4	0.4	0.6	0.6
	5 次			0.1	0.4	0.4	0.4	0.4
	6 次				0.15	0.4	0.4	0.4
	7 次					0.2	0.2	0.4
	8 次						0.15	0.3
	9 次							0.2

英制螺纹							
牙/in	24	18	16	14	12	10	8
牙深(半径值)	0.698	0.904	1.015	1.162	1.355	1.626	2.033
(直径值)切削次数及吃刀量	1 次	0.8	0.8	0.8	0.8	0.9	1.0	1.2
	2 次	0.4	0.6	0.6	0.6	0.6	0.7	0.7
	3 次	0.16	0.3	0.5	0.5	0.6	0.6	0.6
	4 次		0.11	0.14	0.3	0.4	0.4	0.5
	5 次				0.13	0.21	0.4	0.5
	6 次						0.16	0.4
	7 次							0.17

3.3.3   数控车床刀具补偿功能

在编程时,通常将车刀刀尖作为一点考虑(即假想刀尖位置),所指定的刀具轨迹就是假想刀尖的轨迹,但实际上刀尖部分是带有圆角的,如图 3-20 所示。进行实际加工时,刀尖圆角 R 的存在会造成少切和过切现象,如图 3-21 所示。

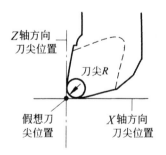

图 3-20   刀尖半径与假想

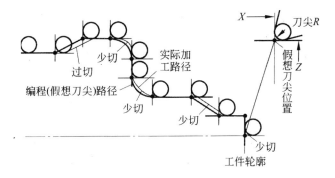

图 3-21　刀尖圆角 R 造成的少切和过切

为了在不改变程序的情况下,使刀具切削路径与工件轮廓一致,加工出的工件尺寸符合要求,就必须使用刀尖圆弧半径补偿指令。

G40:取消刀具补偿,通常写在程序开始的第一个程序段及取消刀具半径补偿的程序段;

G41:刀具左补偿,在刀具路径前进方向上,刀具沿左侧进给;

G42:刀具右补偿,在刀具路径前进方向上,刀具沿右侧进给,如图 3-22 所示。

对于前置和后置刀架假想刀尖位置序号各有 10 个,如图 3-23 所示。

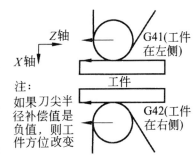

图 3-22　G41、G42 指令

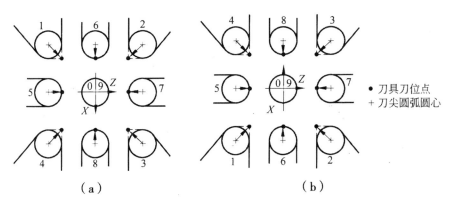

（a）　　　　　　　　　　　　　（b）

图 3-23　假想刀尖位置序号

（a）前置刀架;（b）后置刀架

几种数控车床用刀具的假想刀尖位置,如图 3-24 所示。

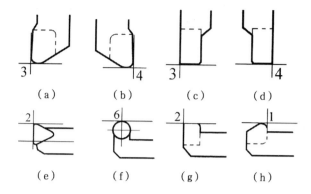

图 3-24 几种数控车床用刀具的假想刀尖位置

(a)右偏车刀;(b)左偏车刀;(c)右切刀;(d)左切刀
(e)镗孔刀;(f)球头镗刀;(g)内沟槽刀 (h)左偏镗刀

3.4 数控车床面板的说明及基本操作

数控车床的操作主要通过操作面板来实现,操作面板由两部分组成,一部分为 NC 控制机(CRT/MDI)的操作面板,如图 3-25 所示;另一部分为机床的操作控制面板,如图 3-27 所示。对于不同型号的数控机床,操作方法各有差异,但基本操作方法相同。本节以 FANUC Series Oi-mate-TC 系统数控车床为例,介绍其基本操作方法。

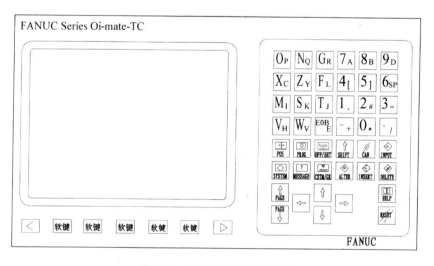

图 3-25 CRT/MDI 操作面板

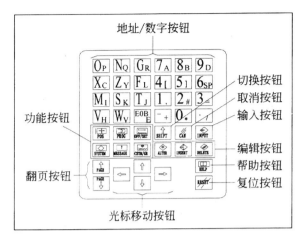

图 3-25　（续）

3.4.1　数控车床操作面板的说明

1. CRT/MDI 操作面板(见图 3-25)及各键的基本功能说明(见表 3-4)

　　CRT/MDI 显示单元,是与操作者进行信息交换的主要界面,屏幕上方显示功能标题,中间为信息显示区,下方有输入数据显示区、状态区和软键功能区,软键功能与软键一一对应。

表 3-4　MDI 面板操作按钮的基本功能说明

图标	名称	基本功能
RESET	复位按钮	可使 CNC 复位,用于消除报警等
HELP	帮助按钮	用来显示如何操作机床,如 MDI 按钮的操作。可在 CNC 发生报警时提供报警的详细信息(帮助功能)
	软键(在屏幕下方共 5 个)	根据其使用的场合,对应各功能按钮,软键有各种功能,软键功能显示在 CRT 屏幕的底部
7 A	地址、符号和数字按钮,共 24 个	可输入字母、数字以及其他字符
↑ SHIFT	切换按钮	有些按钮具有两个功能,按下<Shift>,可在两个功能之间进行切换。当特殊字符在屏幕上显示时,表示键面右下角的字符可以输入

图标	名称	基本功能
 INPUT	输入按钮	当按了地址按钮或数字按钮之后,数据被输入到缓冲器,并在 CRT 屏幕上显示出来。为了把输入到缓冲器中的数据复制到寄存器,按＜INPUT＞。这个按钮相当于软键的[INPUT],其结果是一样的
 CAN	取消按钮	可删除已输入缓冲器的最后一个字符或符号
 INSERT	程序编辑按钮(共 3 个:ALTER、INSERT、DELETE)	编辑程序时按这些按钮。ALTER:替换按钮;INSERT:插入按钮;DELETE:删除按钮
 POS	功能按钮	可显示位置画面
 PROG	功能按钮	可显示程序画面
 OFF/SET	功能按钮	可显示刀偏/设定(SETTING)画面
 SYSTEM	功能按钮	可显示系统画面
 MESSAGE	功能按钮	可显示信息画面
 CSTM/GR	功能按钮	可显示用户宏画面或显示图形画面
 ↑	光标移动按钮(共 4 个)	用于将光标向左或向右、向上或向下移动
 PAGE	翻页按钮(共 2 个)	用于在屏幕上向前或向后翻一页

软键功能区如图 3-26 所示。

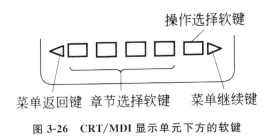

图 3-26　CRT/MDI 显示单元下方的软键

2. 机床操作控制面板

CAK6136 数控车床的操作控制面板,如图 3-27 所示。

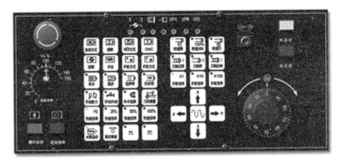

图 3-27　CAK6136 数控车床的操作控制面板

3.4.2　数控车床的操作方法与步骤

1. 电源控制功能

(1)NC 系统电源绿色按钮

按此按钮数秒钟后,荧光屏出现显示,表示控制机已通入电源,准备工作。

(2)NC 系统电源红色按钮

按此按钮后,控制机电源切断,荧光屏显示消失,控制机断电。

(3)急停按钮

在紧急情况下按此按钮,则机床各部分将全部停止运动,NC 控制系统处于"清零"状态,并切断主电动机系统。如再重复启动必须先进行"回零"操作。

2. 刀架移动控制部分

（1）点动按钮"＋X、－X、＋Z、－Z"

该按钮控制刀架进行移动。在手动状态下,点动进给倍率开关和快移倍率开关配合使用可实现刀架在某一方向的运动,在同一时刻只能有一个坐标轴移动。

（2）快移按钮

当此按钮与点动按钮同时按下时,刀架按快移倍率开关"F0、25％、50％、100％"选择的速度快速移动。

（3）快移倍率开关"F0、25％、50％、100％"

可改变刀架的快移速度。

（4）进给倍率开关

在自动进给时,调整刀架进给倍率,在0～120％区间调节。在刀架进行点动时,可以选择点动进给量。当选择空运转状态时,自动进给操作的F码无效,执行 mm/min 的进给量。

（5）"回零"操作

在"回零"方式下,分别按 X 轴或 Z 轴的正方向按钮不松手,则 X 轴或 Z 轴以指定的倍率向正方向移动,当压合回零开关时机床刀架减速,以设定的低进给速度移到回零点。

（6）"手摇轮"操作

将状态开关选在"X 手摇"或"Z 手摇"状态与手摇倍率开关×1、×10、×100、×1000 配合使用,通过摇动手摇轮实现刀架移动。每摇一个刻度,刀架将走 0.001mm、0.01mm、0.1mm、1mm。

3. 主轴控制部分

（1）"主轴正转"按钮

按此按钮,主轴将沿顺时针旋转（面对主轴端面定义）,按钮内指示灯亮,此按钮仅在手动状态下起作用,若主轴正在反转,则必须先按"主轴停止"按钮,待主轴停转后,再按主轴正转按钮。

（2）"主轴反转"按钮

按此按钮,主轴将沿逆时针旋转（面对主轴端面定义）,按钮内指示灯亮,此按钮仅在手动状态下起作用。

（3）"主轴停止"按钮

此按钮一按下,主轴立即停止旋转,该按钮在所有状态下均起作用。在自动状态下,此按钮一按下,主轴立即停止,若重新启动主轴必须把状态开关放在手动位置,按相应主轴正反转按钮。

4. 工作状态控制部分

状态键可选择下列各种状态。

(1)"编辑"状态

在此状态下,可以把工件程序读入 NC 控制机,可以对编入的程序进行修改、插入和删除。

①新建程序:选择 EDIT 方式;按"PROG"按钮;输入地址 0 和 4 位数字程序号,按"INSERT"按钮将其存入存储器,并以此方式将程序依次输入。

②寻找程序:选择 EDIT 方式;按"PROG"按钮;若屏幕上显示某一不需要的程序时,按下软键"DIR";输入想调用的程序号(例如:01234)。

③删除程序:选择 EDIT 方式;按"PROG"按钮,输入要删除的程序号;按"DELET"按钮。可以删除此程序号的程序。

④文字的插入、变更和删除:选择 EDIT 方式;按"PROG"按钮,输入要编辑的程序号;移动光标,检索要变更的字;进行文字的插入、变更和删除等编辑操作。

(2)"自动"状态

在此状态下,可进行存储程序的顺序号检索。当加工程序在 MDI 状态下编好后,按下此按钮,指示灯亮,机床进入自动操作方式。再按下"循环启动"按钮,机床按照程序指令连续自动加工。

(3)"MDI"状态

即手动数据输入状态下,可以通过 NC 控制机的操作面板上的键盘把数据送入 NC 控制机中,所送数据均能在荧光屏上显示出来,按"循环启动"按钮启动 NC 控制机,执行所送入的程序。

(4)"手动"状态

即 JOG 状态,按下此按钮,指示灯亮,机床进入手动操作方式。此时可实现机床各种手动功能的操作。

5. 对刀操作

(1)机床回零动作执行,确认原点回零指示灯亮

(2)在 MDI 方式下使主轴转动,并选择所需要的刀具

(3)模式选择按钮选择手轮式点动方式

(4)试切对刀

Z 方向:

①移动刀架靠近工件,使刀尖轻擦工件端面后沿＋X 方向退;

②按"OFF/SET"按钮,进入参数设置界面;

③按"补正"软键;

④按"形状"软键;

⑤输入"Z0"至所选刀具量的 Z 值;

⑥按"测量"软键。

X 方向:

①在 MDI 方式旋转主轴;

②移动刀架靠近工件,使刀尖轻擦工件外圆后沿＋Z 方向退出;

③主轴停止转动,测量工件外径;

④按"OFF/SET"按钮,进入参数设置界面;

⑤按"补正"软键;

⑥按"形状"软键;

⑦输入工件外径值"X"至所选刀具量的 X 值;

⑧按"测量"软键。当 X,Z 方向对刀完毕时按下"PROG"按钮返回。

3.5 数控车床加工技巧与注意事项

3.5.1 螺纹车削加工的技巧与注意事项

1. 螺纹切削进给次数和每次进给量的选择技巧

①进给次数和每次进给量对螺纹切削加工具有决定性的影响。在大多数现代数控机床上,应在螺纹切削中给定总螺纹深度和第一次或最后一次切深。通常,刀具生产厂家会提供相应刀片推荐的进给量和进给次数。这些数据都是通过实验得出的,有很高的参考价值。

②为了延长刀具寿命,切削螺纹前的工件直径最好不要超过螺纹的最大直径。

③应避免进给量低于 0.05mm。

④当螺纹要求公差值小时,最后一次进给可不进刀(空走刀)。当加工淬硬材料(例如奥氏体不锈钢)时,进给量应不得超过 0.08mm。

2. 编制螺纹车削程序时要掌握的技巧

①在进刀和退刀时要留一定的距离,即螺纹的起点和终点位置应当比

指定的螺纹长度要长。

②在外螺纹切削时,刀具起始定位在 X 方向必须大于螺纹外径;内螺纹切削时,刀具起始定位在 X 方向必须小于螺纹内径,否则会出现扎刀现象。

③切削锥螺纹时,螺纹半径差值应为刀具起点和终点位置的大小端半径差,如图 3-28 所示。

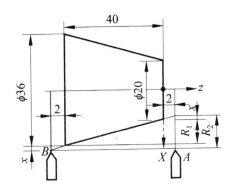

图 3-28　车削锥螺纹

螺纹延长线上刀具起点与终点半径差值,计算方法为

$$R_2 = R_1 + 2x = 8mm + 2mm \times 0.4 = 8.8mm$$

$$x = (R_1 \times 螺纹延伸长度)/螺纹长度 = (8 \times 2)mm/40 = 0.4mm$$

R 值有正、负之分:正锥为负值,倒锥为正值。

3. 螺纹车削时的注意事项

①车削螺纹时不能使用恒切削速度功能,因为恒切削速度车削时,随着工件直径的减少,转速会增加,从而会导致导程产生变动而发生乱牙现象。

②在车削螺纹的过程中,不能按暂停键,以免发生乱牙现象。

3.5.2　FANUC Oi 系统中 G71、G72、G73 指令的使用技巧与注意事项

1. G71 循环指令编程技巧

①G71 精加工程序段的第一句只能写 X 值,不能写 Z 值或 X、Z 值同时写入。

②G71 循环的刀具起始点位于毛坯外径处。

③G71 指令不能切削凹形的轮廓。

2. G72 循环指令编程技巧与注意事项

①G72 精加工程序段的第一句只能写 Z 值,不能写 X 值或 X、Z 值同时写入。

②G72 循环的起刀点位于毛坯外径处。

③G72 指令不能切削凹形轮廓。

④由于刀具切削时的方向和路径不同,要调整好刀具装夹方向。

3. G73 循环指令编程技巧与禁忌

①G73 指令可以切削凹形轮廓。

②G73 循环的起刀点要大于毛坯外径。

③X 轴方向的总切削余量是用毛坯外径减去轮廓循环中的最小直径值。

3.5.3　FANUC Oi 系统中 G92 指令车削多线螺纹的技巧与注意事项

1. G92 指令车削多线螺纹格式

G92 X(U)_Z(W)_R_F_Q_;

其中:X(U)、Z(W)为螺纹终点坐标;R 为锥螺纹锥角半径;F 为螺距;Q 为螺纹起始角。

2. G92 指令使用技巧

①螺纹起始角＝360°/螺纹线数。

②螺纹起始角可以在 0°～360°指定。

③起始角 Q 增量不能指定小数点,即如果起始角为 180°,则指定为 Q180000。

④起始角不是模态值,每次使用都必须指定,否则默认为 0°。

3.6　数控车削加工实例

对于一个复杂的数控车削零件工艺分析,要注意以下几个方面:①加工表面形式;②加工余量;③加工精度;④尺寸分析;⑤结构;⑥加工部位。

例如,某轴套类零件的加工,零件图样如图 3-29 所示,图 3-30 所示为该零件前工序简图,本工序加工部位为图中端面 A 以右的内外表面,分析数控加工工序的工艺过程。该零件材料为 45 钢。

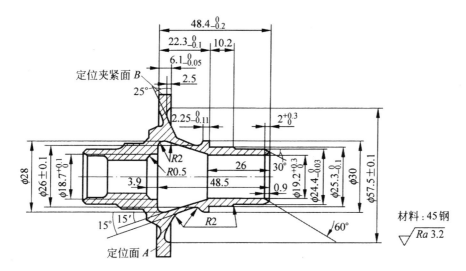

图 3-29　轴类零件

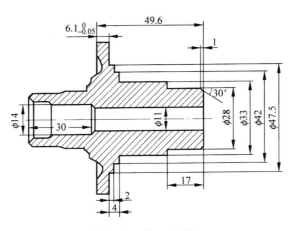

图 3-30　前工序简图

1. 工艺分析表

该零件结构形状复杂(含内、外圆柱面,内、外圆锥面,平面及圆弧),加工部位多,且工件壁薄,容易变形,需认真分析工艺特征。表 3-5 为零件工艺分析表。

2. 定位基准选择

为了使工序基准与定位基准重合,并敞开所有的加工部位,选择 A 面和 B 面分别为轴向和径向定位基准,限定 5 个自由度。选工件上刚度最好的部位 B 面为夹紧表面。为减少夹紧变形,采用包容式软卡爪。

表 3-5　零件工艺分析表

序号	项　目	工艺分析
1	加工表面形式	零件由内、外圆柱面,内、外圆锥面,平面及圆弧等组成
2	加工余量	工件壁薄易变形,需采取特殊工艺措施
3	加工精度	零件的 $\phi 24.4_{-0.03}^{0}$ 外圆和 $6.1_{-0.05}^{0}$ 端面两处尺寸精度要求最高。适合数控车削加工
4	尺寸分析	工件外锥面上有几处 $R2$ 圆弧面,由于圆弧半径较小,可直接用成形刀车削而不用圆弧插补程序切削,这样既可减小编程工作量,又可提高切削效率
5	结构	结构形状复杂;适合数控车削加工
6	加工部位	加工部位多;适合数控车削加工

3. 粗车外表面

走刀路线如图 3-31 所示。图中的虚线为对刀时的走刀路线。由于是粗车,可选用一把刀具将整个外表面车削成形。

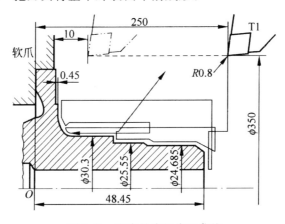

图 3-31　粗车外表面走刀路线

4. 半精车 25°、15°两外圆锥面,粗车内孔端部

选用直径为 $\phi6$ 的圆形刀片进行外锥面的半精车。

进给路线如图 3-32 所示。选用三角形刀片进行内孔端部的粗车。此加工共分三次走刀,依次将距内孔端部 10mm 左右的一段车至 $\phi13.3$、$\phi15.6$ 和 $\phi18$。

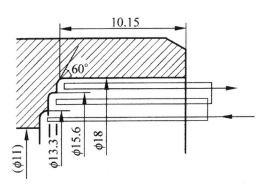

图 3-32　内孔端部粗车走刀路线

5. 钻削内孔深部

选用 $\phi18$ 钻头,顶角为 118°,进行内孔深部的钻削。钻削不宜过长,安排一个车削工步可减小切削变形,因为车削力比钻削力小,因此前面安排孔口端部车削工步。钻削时注意主轴的旋转方向为反转。

6. 精车内锥面及半精车其余内表面

选用 55°菱形刀片,进行 $\phi19.2_0^{+0.3}$ 内孔的半精车及内锥面的粗车,以留有精加工余量 0.15mm 的外端面为对刀基准。由于内锥面需切余量较多,故刀具共走刀 4 次,每两次走刀之间都安排一次退刀停车,清除孔内的切屑。

7. 精车外圆柱面及端面、圆锥面及内表面

选用 80°菱形刀片,精车右端面及 $\phi24.38$、$\phi25.5$、$\phi30$ 外圆及 $R2$ 圆弧和台阶面。由于是精车,刀尖圆弧半径选取较小值($R0.4$)。精车 25°外圆锥面及 $R2$ 圆弧。精车 15°外圆锥面及 $R2$ 圆弧面。精车内表面,选用 55°菱形刀片精车 $\phi19.2_0^{+0.3}$ 内孔、15°内锥面、$R2$ 圆弧及锥孔端面。

8. 加工 $\phi18.7$ 内孔及端面

在分析重要的加工环节之后,要确定切削用量、主轴转速、进给量等。零件的进给路线与切削刀具选择要结合考虑,若使用刀具较多,可结合零件定位和编程加工的具体情况,绘制一份刀具调整图。图 3-33 所示为刀具调整图。

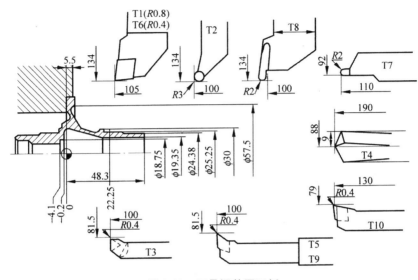

图 3-33 刀具调整图示例

然后按照数控加工工序卡的编写要求,按加工顺序将各工步的加工内容、所用刀具及切削用量等填入表 3-6 所示数控加工工序卡片中。

表 3-6 数控加工工序卡片

（工厂）	数控加工工序卡片	产品名称或代号	零件名称	材料	零件图号
				45 钢	
工序号	程序编号	夹具编号	使用设备		车间

工步号	工步内容	加工面	刀具号	刀具规格/mm	主轴转速/(r/min)	进给量/(mm/r)	背吃刀量/mm	备注
1	(1)粗车外表面分别至要求尺寸 $\phi24.68$、$\phi25.55$、$\phi30.3$ (2)粗车端面		T01		1000 1400	0.2～0.25 0.15		
2	半精车外锥面,留精车余量 0.15mm		T02		1000	0.1,0.2		

续表

（工厂）	数控加工工序卡片	产品名称或代号		零件名称		材料		零件图号		
						45 钢				
工序号	程序编号	夹具编号		使用设备				车间		
工步号	工步内容	加工面	刀具号	刀具规格/mm	主轴转速/(r/min)	进给量/(mm/r)		背吃刀量/mm	备注	
3	粗车深度 10.15 的 ϕ18 内孔		T03		1000	0.1				
4	钻 ϕ18 内部深孔		T04		550	0.15				
5	粗车内锥面及半精车内表面分别至要求尺寸 ϕ27.7、ϕ19.05		T05		700	0.1 0.2				
6	精车外圆柱面及端面至要求尺寸		T06		1400	0.15				
7	精车 25° 外圆锥面及 $R2$ 圆弧面至要求尺寸		T07		700	0.1				
8	精车 15° 外圆锥面及 $R2$ 圆弧面至要求尺寸		T08		700	0.1				
9	精车内表面至要求尺寸		T09		1000	0.1				
10	加工深处 ϕ 18.7$_0^{+0.1}$ 内孔及端面至要求尺寸		T10		1000	0.1				
编制		审核		批准			共 1 页		第 1 页	

　　将选定的各工步所用刀具的刀具型号、刀片型号、刀片牌号及刀尖圆弧半径等填入表 3-7 所示的数控加工刀具卡片中。

表 3-7　数控加工刀具卡

产品名称或代号		零件名称		零件图号		程序编号		
工步号	刀具号	刀具名称	刀具型号	刀片		刀尖半径/mm	备注	
				型号	牌号			
1	T01	机夹可转位车刀	PCGCL2525-09Q	CCMT090408	GC435	0.8	
2	T02	机夹可转位车刀	PRJCL2525-06Q	RCMT060300	GC435	3	
3	T03	机夹可转位车刀	PTJCL1010-09Q	TCMT090304	GC435	0.4	
4	T04	ϕ18mm 钻头					
5	T05	机夹可转位车刀	PDJNL1515-11Q	DNMA110404	GC435	0.4	
6	T06	机夹可转位车刀	PCGCL2525-08Q	CCMW080304	GC435	0.4	
7	T07	成形车刀				2	
8	T08	成形车刀				2	
9	T09	机夹可转位车刀	PDJNL1515-11Q	DNMA110404	GC435	0.4	
10	T10	机夹可转位车刀	PCJCL1515-06Q	CCMW060304	GC435	0.4	
编制		审核		批准		共 1 页	第 1 页	

第4章　数控铣床编程与加工技术

数控铣床是在一般铣床的基础上发展起来的,两者的加工工艺基本相同,结构也有些相似,主要用于各类较复杂的平面、曲面和壳体类零件的加工。通过本章的介绍,使读者了解数控铣床的分类、功能,熟悉数控铣床简单操作的方法和编程方法,从而达到能够运用数控铣床加工简单零件的目的。

4.1　数控铣床概述

4.1.1　数控铣床的组成

数控铣床一般由数控系统、主传动系统、辅助装置、进给伺服系统、铣床基础件等几大部分组成。

1. 数控系统

数控系统包括程序输入、输出设备、可编程序控制器、数控装置、主轴驱动单元和进给驱动单元等。其中的数控装置通常称为数控或计算机数控。

CNC 系统的主要功能通常包括基本功能和选择功能。基本功能是数控系统必备的功能,选择功能是供用户根据机床的特点和用途进行选择的功能。常见的主要功能有控制功能、准备功能和插补功能。

2. 主传动系统

主传动系统将主电动机的原动力变成可供主轴上刀具切削加工的切削力矩和切削速度,是用于实现机床主运动的。数控铣床的主传动系统具有较大的调速范围和较高精度及刚度,以保证加工时能选用合理的切削用量,从而获得最佳的生产率、加工精度和表面质量。

（1）电动机与主轴直联的主传动

如图 4-1 所示，电动机与主轴直联的主传动结构紧凑，有效提高了主轴部件的刚度。

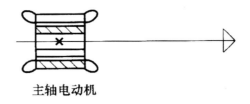

主轴电动机

图 4-1　电动机与主轴直联的主传动

（2）经过一级变速的主传动

一级变速目前多用 V 带或同步带来完成，如图 4-2 所示，其结构简单，安装调试方便，在一定程度上能够满足转速与转矩输出要求。

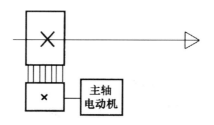

主轴电动机

图 4-2　经过一级变速的主传动

（3）带有变速齿轮的主传动

如图 4-3 所示，带有变速齿轮的主传动通过少数几对齿轮降速，使之成为分段无级变速，确保低速大转矩，以满足主轴输出转矩特性的要求。

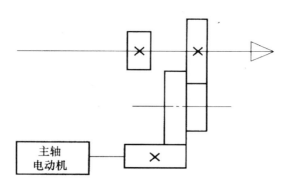

主轴电动机

图 4-3　带有变速齿轮的主传动

3. 辅助装置

如液压、气动、润滑、冷却系统和排屑、防护等装置。

4. 进给伺服系统

由进给电动机和进给执行机构组成,按照程序设定的进给速度实现刀具和工件之间的相对运动,包括直线进给运动和旋转运动。

5. 铣床基础件

通常是指底座、立柱、横梁等,是整个铣床的基础和框架。

4.1.2　数控铣床的分类

数控铣床的分类如图 4-4 所示。

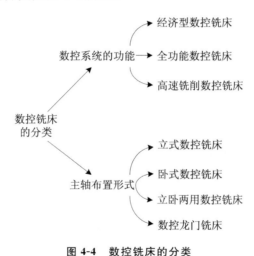

图 4-4　数控铣床的分类

4.1.3　数控铣床的加工对象

(1)平面类零件

待加工面平行或垂直于水平面,或与水平面的夹角为固定角的零件称为平面类零件。

(2)曲面类零件

待加工面为空间曲面的零件称为曲面类零件,如模具、螺旋桨等。

（3）变斜角类零件

如图 4-5 所示，待加工面与水平面的夹角呈连续变化的零件称为变斜角类零件，飞机零部件常用。

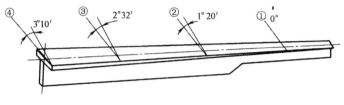

图 4-5　变斜角类零件

4.2　数控铣削加工工艺处理

1. 进给路线的确定

在数控加工中，刀具相对于工件的运动轨迹和方向称为加工路线，包括切削加工的路径及刀具引入、返回等非切削空行程。加工路线的确定首先必须保证被加工零件的尺寸精度和表面质量，其次考虑数值计算简单，进给路线尽量短，效率较高等。

2. 对刀点与换刀点的确定

在数控铣床加工开始时，确定刀具与工件的相对位置是通过对刀点来实现的。在程序编制时，不管实际上是刀具相对工件移动，还是工件相对刀具移动，都把工件看作静止，而刀具在运动，对刀点往往也是零件的加工原点。

对刀点可以设在零件上、夹具上或机床上，但必须与零件的定位基准有已知的准确关系。对刀时应使对刀点与刀位点重合。刀位点是指确定刀具位置的基准点。"换刀点"应根据工序内容来做安排，其位置应根据换刀时刀具不碰到工件、夹具和机床的原则而定。

3. 切削刀具的选择

常用的切削刀具有五种，盘铣刀常用于端铣较大的平面；面铣刀广泛用于加工平面类零件；成形铣刀适用于加工平面类零件的特定外形，也适用于加工特形孔或台；球头铣刀适用于加工空间曲面零件，有时也用于平面类零件较大的转接凹圆弧的补加工；鼓形铣刀用于对变斜角类零件的变斜角面的近似加工。如图 4-6 所示为一种典型的鼓形铣刀。

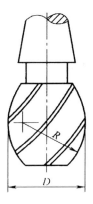

图 4-6　鼓形铣刀

刀具种类和尺寸一般根据加工表面的形状特点和尺寸选择，铣削加工部位及所使用铣刀的类型见表 4-1。

表 4-1　铣削加工部位及所使用铣刀的类型

序号	加工部位	可使用铣刀类型	序号	加工部位	可使用铣刀类型
1	平面	机夹可转位平面铣刀	9	较大曲面	多刀片机夹可转位球头铣刀
2	T 形槽	机夹可转位 T 形槽铣刀	10	大曲面	机夹可转位圆刀片面铣刀
3	带倒角的开敞槽	机夹可转位倒角平面铣刀	11	倒角	机夹可转位倒角铣刀
4	带圆角开敞深槽	加长柄机夹可转位圆刀片铣刀	12	型腔	机夹可转位圆刀片立铣刀
5	曲面	单刀片机夹可转位球头铣刀	13	外形粗加工	机夹可转位玉米铣刀
6	曲面	多刀片机夹可转位球头铣刀	14	台阶平面	机夹可转位直角平面铣刀
7	较深曲面	加长整体硬质合金球头铣刀	15	直角腔槽	机夹可转位立铣刀
8	一般曲面	整体硬质合金球头铣刀			

4. 切削用量的选择

切削参数的选择是工艺设计和程序编制时一个重要的内容，一般按照以下步骤进行：

①根据机床功率确定背吃刀量。

②根据主轴转速及每齿进给量可得切削进给速度。

③根据背吃刀量查表确定每齿进给量。

④根据工件材料和刀具材料查表确定切削速度,再由刀具直径可得到主轴转速。

相关数据可在切削手册或刀具手册中查到,也可以直接从实际所用刀具的切削用量手册中查到。如采用某品牌的整体硬质合金立铣刀进行侧面铣削时,切削参数见表 4-2。

表 4-2　切削参数表

刀具直径 D/mm	切削速度 v/m·min^{-1}	主轴转速 s/r·min^{-1}	每齿进给量 f/mm	进给量 F/mm·min^{-1}
5	35	2200	0.035	150
6	35	1850	0.04	150
8	35	1400	0.055	155
10	35	i100	0.06	130
12	35	900	0.06	110
16	35	700	0.08	110
20	35	550	0.1	110
25	35	450	0.1	90
30	35	350	0.1	70

4.3　数控铣床编程

4.3.1　数控铣床的编程特点

数控铣床的编程特点主要表现在以下几个方面。

①为适应数控铣床的加工需要,对于常见的镗孔、钻孔及攻螺纹等切削加工动作,用数控系统自带的孔加工固定循环功能来实现,从而简化编程。

②为了方便编程中的数值计算,广泛采用刀具半径补偿和刀具长度补偿来进行编程。

③数控铣床广泛采用子程序编程的方法。编程时尽量将不同工序内容的程序安排到不同的子程序中,以便对每一独立的工序进行单独调试,也便于工序不合理时的重新调整。主程序主要用于完成换刀及子程序的调用等工作。

④数控铣床具备宏程序编程功能。用户宏程序允许使用变量、算术及逻辑运算和条件转移,使编制同样的加工程序更简便。

⑤大多数的数控铣床都具备镜像加工、坐标系旋转、极坐标及比例缩放等特殊编程指令,能提高编程效率、简化编程。

4.3.2　数控铣床基本编程指令

1. 坐标平面选择 G17、G18、G19

坐标平面选择指令常用于选择加工平面,如图 4-7 所示。

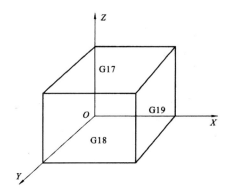

图 4-7　坐标平面选择

指令格式:

G17 X_Y_;　　 // 选择加工平面为 XY 平面,X 为第 1 轴,Y 为第 2 轴

G18 Z_X_;　　 // 选择加工平面为 ZX 平面,Z 为第 1 轴,X 为第 2 轴

G19 Y_Z_;　　 // 选择加工平面为 YZ 平面,Y 为第 1 轴,Z 为第 2 轴

说明如下:

①第 1 轴为横坐标,第 2 轴为纵坐标。

②X、Y、Z 为基本轴,在程序段中,其地址可以省略。

2. 英制／米制转换 G20、G21

指令格式:

G20；　　 // 英寸输入

G21；　　 // 毫米输入

说明如下:

①G20 与 G21 为模态功能代码,可以相互注销。G21 为默认代码。

②在英制/米制转换后,下列各值的单位会发生变化。

· 手摇脉冲发生器的刻度单位。

· 刀具补偿值。

· 工件原点偏移量。

· 尺寸功能地址符后面的数值。

· 由 F 代码指定的进给速度或进给量。

· 手动方式下(JOG 方式下)刀具的移动距离。

③G20、G21 代码必须在坐标系设定之前,在程序起始位置指定。

3. 自动返回参考点 G28

使用自动返回参考点指令可以使刀具经过所定义的中间点快速自动返回参考点。如图 4-8 所示,刀具先完成动作①,从 A 快速定位到 B;然后完成动作②,从 B 快速定位到机床参考点。

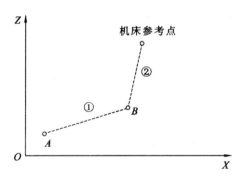

图 4-8　G28 的路径

指令格式:

G28 X_Y_Z_;

说明如下:

①X、Y、Z 为中间点的绝对坐标或增量坐标。

②使用时应注意选择适当的中间点,以保证刀具安全返回。

③该指令一般在自动换刀前使用。

4. 设定工件坐标系 G54～G59

G54～G59 指令是在程序运行前设定的工件坐标系,它通过确定工件坐标系的原点在机床坐标系中的位置来建立工件坐标系。

使用 G54 指令设定工件坐标系的原理如图 4-9 所示,G55～G59 指令设置的方法与 G54 指令设置的方法相同。对于 G54 工件坐标系的原点的设置,需要在 MDI 的方式下,将工件坐标系原点的机械坐标输入到 G54 偏置寄存器中,其输入画面如图 4-9 所示。

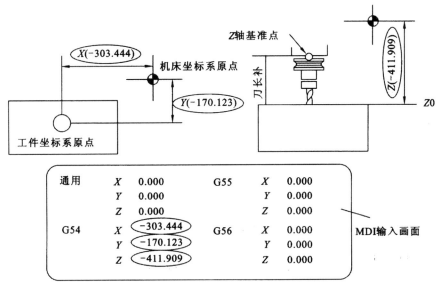

通用	X	0.000	G55	X	0.000
	Y	0.000		Y	0.000
	Z	0.000		Z	0.000
G54	X	−303.444	G56	X	0.000
	Y	−170.123		Y	0.000
	Z	−411.909		Z	0.000

图 4-9　用 G54 指令设定工件坐标系

工件坐标系的坐标原点在机床坐标系中的值存储在机床存储器内,工件坐标系与机床坐标系的关系如图 4-10 所示。

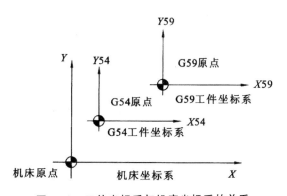

图 4-10　工件坐标系与机床坐标系的关系

一旦指定了 G54～G59 中之一,则该工件坐标系的原点即为当前程序的原点,如以下程序:

N01 G54 G00 G90 X30 Y40;

N02 G59;

N03 G00 X30 Y30；

⋮

执行 N01 句时，系统会选定 G54 作为当前的工件坐标系，然后执行 G00 到 A 点，执行 N02 句时，系统选择 G59 作为当前工件坐标系，执行 N03 句时，机床移动到 B 点，如图 4-11 所示。

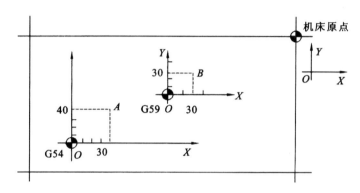

图 4-11　工作坐标系的使用

如图 4-12 所示为一次装夹加工 3 个相同零件的多程序原点与机床参考点之间的关系及偏移计算方法。

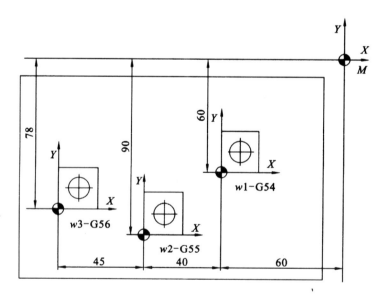

图 4-12　多程序原点之间的偏移

采用 G92 实现编程原点设置的有关程序如下：

N01 G90；　　　　　　　//绝对坐标编程,刀具位于机床参考点 R 点
N02 G92 X6.0 Y6.0 Z0；//将程序原点定义在第一个零件上的工件
　　　　　　　　　　　　　原点 w1
　　⋮　　　　　　　　　//加工第一个零件
N08 G00 X0 Y0；　　　　//快速回程序原点
N09 G92 X4.0 Y3.0；　　//将程序原点定义在第二个零件上的工件
　　　　　　　　　　　　　原点 w2
　　⋮　　　　　　　　　//加工第二个零件
N13 G00 X0 Y0；　　　　//快速回程序原点
N14 G92 X4.5 Y-1.2；　//将程序原点定义在第三个零件上的工件
　　　　　　　　　　　　　原点 w3
　　⋮　　　　　　　　　//加工第三个零件

采用 G54～G59 实现编程原点偏移时,首先设置 G54～G59 原点偏置寄存器。

对于零件 1:G54 X-60.0 Y-60.0 Z0；
对于零件 2:G55 X-100.0 Y-90.0 Z0；
对于零件 3:G56 X-145.0 Y-78.0 Z0；

加工程序如下：
N01 G90 G54；
　　⋮　　　　　　　　　//加工第一个零件
N07 G55；
　　⋮　　　　　　　　　//加工第二个零件
N10 G56；
　　⋮　　　　　　　　　//加工第三个零件

5. 绝对值指令 G90、增量值指令 G91

在指令刀具在各轴的移动量时,可采用绝对值和增量值两种方法。
①绝对值指刀具运动的目标点在各坐标轴方向相对于坐标原点的位移。
②增量值指目标点相对于前一点在各坐标轴方向的位移。
指令格式：
G90；　　//绝对值指令
G91；　　//增量值指令

6. 设定工件坐标系 G92

数控加工编程是在工件坐标系内进行的,通常采用 G92 指令来设定工件坐标系。

指令格式:

G92 X_Y_Z_;

式中,X、Y、Z 表示刀具起点在工件坐标系中的坐标值。

说明如下:

①G92 指令用于确定刀具起点与工件原点的位置关系,从而确定工件原点的位置。

②该指令为非模态指令,一般位于起始程序段。

③执行该程序段时,刀具位置不发生变化。

④该指令所确定的工件原点的位置以刀具起点为基准,若需重复使用同一个工件坐标系,则应使刀具回到原来的起点。

7. 进给速度单位的设定 G94、G95

在数控编程中,进给速度指定方式为每分钟进给和每转进给,指令格式为:

G94;   //每分钟进给

程序中进给速度功能字 F 后的数值单位为 mm/min(G20)或 inch/min(G21);

G95;   //每转进给

程序中进给速度功能字 F 后的数值单位为 mm/r(G20)或 inch/r(G21)。

说明如下:

①G94、G95 为模态功能代码,开机后默认 G94。

②采用 G95 指令时,主轴上必须安装位置编码器,若机床只具备铣削功能,一般只采用 G94 指令。

8. 快速定位 G00

快速定位指令用于将刀具以快速进给速度移动到目标位置,各轴的快速移动速度由机床参数设定。

指令格式:

G00 X_Y_Z_;

说明如下:

①G00 为模态代码。

②程序段中的 X、Y、Z 为刀具移动的目标点坐标值。

③由于移动速度快,只能用于空行程,不能用于切削。

4.3.3　极坐标编程 G15、G16

编程中,在描述某一点的位置时,除了采用直角坐标,还可以采用极坐标进行描述。选择和取消极坐标方式的指令如下:

G16——选择极坐标(极坐标指令有效)

G15——取消极坐标(极坐标指令无效)

说明如下:

①极坐标的平面选择与圆弧插补的平面选择方法相同,采用 G17、G18、G19 指令。用所选平面的第 1 轴指定极坐标半径,规定正半轴沿逆时针转动的方向为极角的正方向,沿顺时针转动的方向为极角的负方向;第 2 轴指定极角。

②在极坐标指令中,极坐标半径和极角的指定既可以用绝对方式,也可以用增量方式。

当半径和极角以绝对方式指定时,工件坐标系的原点为极坐标系的原点;当半径和极角以增量方式指定时,刀具所处的当前位置为极坐标系的原点。如图 4-13 所示,刀具由 A 点定位到 P 点,当采用绝对方式指定时,P 点的极坐标为(31,50),当采用增量方式指定时,P 点的极坐标为(18,30)。

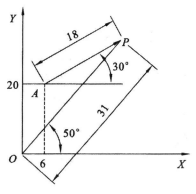

图 4-13　极坐标半径和极角

4.3.4　刀具半径补偿 G41、G42、G40

1. 刀具半径补偿功能的作用

在用铣刀进行轮廓加工时,因为铣刀具有一定的半径,所以刀具中心(刀位点)轨迹和工件轮廓不重合。目前,CNC 系统大都具有刀具半径补偿功能,为程序编制提供了方便。当编制零件加工程序时,只需按零件轮廓编程,使用刀具半径补偿指令。如图 4-14 所示,使用刀具半径补偿指令后,

CNC 系统会控制刀具中心自动按图中的点划线进行加工。

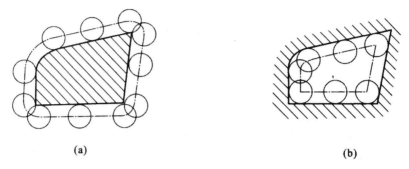

图 4-14　切入切出方式

（a）外轮廓补偿；（b）内轮廓补偿

2. 功能

①G40 是取消刀具半径补偿指令。使用该指令后，G41、G42 指令无效。

②G41 是刀具半径左补偿指令，即假定工件不动，顺着刀具前进方向看，刀具位于工件轮廓的左边，如图 4-15（a）所示。

③G42 是刀具半径右补偿指令，即假定工件不动，顺着刀具前进方向看，刀具位于工件轮廓的右边，如图 4-15（b）所示。

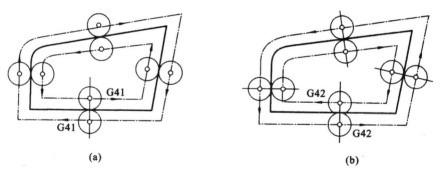

图 4-15　刀具半径的左右补偿

（a）左补偿；（b）右补偿

3. 指令格式

$$\boxed{平面指定} \qquad \boxed{刀具补偿} \qquad \boxed{补偿编号}$$

$$\begin{Bmatrix} G17 \\ G18 \\ G19 \end{Bmatrix} \quad \begin{Bmatrix} G00 \\ G01 \end{Bmatrix} \quad \begin{Bmatrix} G41 \\ G42 \end{Bmatrix} \quad \begin{Bmatrix} X\_Y\_ \\ Z\_X\_ \\ Y\_Z\_ \end{Bmatrix} \quad \{D\_;\}$$

4. 说明

建立和取消刀具半径补偿必须在指定平面中进行,且与 G01 或 G00 指令组合完成。

建立刀具半径补偿的过程如图 4-16 所示,刀具做 G01 运动从无刀具半径补偿状态(图中 P_0 点)运动到补偿开始点(图中 P_1 点)。在加工完轮廓后,还需取消刀具半径补偿,即从刀具半径补偿结束点(图中 P_2 点),以 G01 或 G00 运动到无刀具半径补偿状态(图中 P_0 点)。

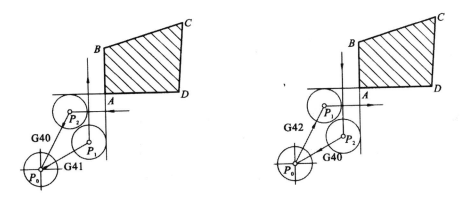

图 4-16　建立刀具半径补偿的过程

5. 刀具半径补偿功能的应用

①同一程序中,对同一尺寸的刀具,利用刀具半径补偿功能设置不同的补偿量,可利用同一程序进行粗加工。

②因磨损或换新刀而引起刀具直径改变时,只需在刀具参数设置中输入变化后的刀具半径即可。

4.3.5　数控铣床子程序编程

当某一加工模式在程序中重复多次出现时,可将其编写为子程序,预先保存到存储器中,然后用主程序或别的子程序调用,既可以简化编程,又能缩小程序所占内存。

1. 子程序的构成

一个完整的子程序由子程序号、子程序内容和子程序结束指令三部分构成。

```
O____;          //子程序号
  ⋮             //子程序内容
M99;            //子程序结束指令
```

2. 子程序的调用

子程序须由主程序或其他子程序调用,调用指令为:

M98 P____ ____;

地址符 P 后最多可以有 7 位数字,前 3 位表示子程序重复调用次数,取值范围为 1～999,后 4 位表示子程序号。当 P 后只有 4 位数字时,表示子程序的调用次数为 1 次。

3. 子程序的嵌套

在主程序调用子程序时,子程序为 1 级子程序。子程序调用时最多可以嵌套 4 级,如图 4-17 所示。

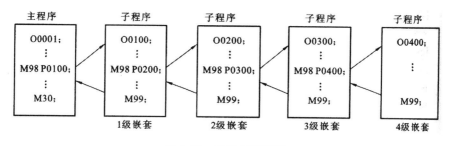

图 4-17　子程序的嵌套

4.4　数控铣床操作面板的说明及基本操作

国产华中 HNC-21 M 是一款基于 PC 的高性能经济型数控系统。系统采用中文操作界面,具有刀具轨迹图形仿真、加工断点恢复、程序在线编辑与校验、RS-232 串口与网络通讯等功能。

本节以 XKA714 型立式数控铣床为例,介绍数控铣床的基本操作,该机床的主要技术参数如下:

数控系统　　　　　　　　　　　　HNC-21M

工作台工作面积　　　　　　　　　400mm×1100mm

工作台最大承载质量　　　　　　　1500kg

工作台 T 形槽（槽数×槽宽×槽距）	3mm×18mm×90mm
工作台横向行程（Y 轴）	450mm
工作台纵向行程（X 轴）	600mm
Z 轴行程	500mm
主轴转速低速挡	100～800r/min
主轴转速高速挡	500～4000r/min
主轴电机功率	5.5/7.5kW
切削进给速度	X、Y：6～3200mm/min
	Z：3～600mm/min
快速进给速度	X、Y：8000mm/min
	Z：4000mm/min
主轴锥孔	IS040 7:24
主轴扭矩	180/230N·m
进给电机扭矩	14N·m

4.4.1　操作面板

　　MDI 键盘的使用及各键的含义与普通 PC 键盘基本相同（"Upper"为上挡键），这里不再赘述。

　　机床控制面板（MCP）的大部分按键位于操作面板的下部，其上各按键的功能、说明详见表 4-3。

　　此外，还可通过机床操作台相应接口外接手摇脉冲发生器，用于在手轮方式下进给。

表 4-3　机床控制面板按键功能说明

键名	功能说明
自动	按下此键（指示灯亮），系统进入自动运行方式
单段	单程序段执行方式
手动	手动连续进给方式
增量	增量/手摇脉冲发生器进给方式
回零	返回机床参考点方式
＋X…快进	"＋X""＋Y""＋Z""＋4TH""-X""-Y""-Z""-4TH"用于在手动连续进给，增量进给和返回机床参考点时，选择进给坐标轴和进给方向
进给修调	在手动连续进给方式下调节坐标轴的进给速度，在自动及 MDI 运行方式下调节程序编制速度

续表

键名	功能说明
快速修调	在手动连续进给方式下调节坐标轴的快移速度,在自动及 MDI 运行方式下调节 G00 快移速度
主轴修调	在手动方式下、自动及 MDI 运行方式下调节主轴速度,机械齿轮换挡时,不能修调
增量倍率	增量进给时的增量值
空运行	在此状态下,坐标轴以最大快移速度移动,并不做实际切削,一般不得装夹工件
机床锁住	禁止机床坐标轴动作,但此时机床 M、S、T 功能仍然有效
Z 轴锁住	禁止 Z 轴进刀。Z 轴坐标位置变化,但 Z 轴不运动
超程解除	当某轴超程时,一直按着此键,同时按下相应点动键,可使该轴向相反方向退出超程状态
主轴制动	在手动方式下,主轴停止状态,按下此键(指示灯亮),主轴电机被锁定在当前位置
主轴定向	如果机床上有换刀机构,通常就需要主轴定向功能,否则换刀时会损坏刀具或刀爪
主轴冲动	在手动方式下,当主轴制动无效时,按下"主轴冲动"键(指示灯亮),主轴电机以机床参数设定的转速和时间转动一定的角度
允许换刀	在手动方式下,按一下"允许换刀"键(指示灯亮),将允许刀具松、紧操作,再按一下为不允许刀具松、紧操作(指示灯灭)
刀具松/紧	在允许换刀有效时(指示灯亮),按一下"刀具松/紧"键,松开刀具(默认值为夹紧),再按一下为夹紧刀具
冷却开/停	在手动方式下,按一下"冷却开/停"键,冷却液开(默认值为冷却液关)。再按一下为冷却液关
循环启动	自动或 MDI 方式下,按下"循环启动"键,机床开始自动运行加工程序或程序段
进给保持	在自动运行过程中,按下此键,程序暂停执行,机床运动轴减速停止,此时机床 M、S、T 功能保持不变;再按下"循环启动"键,系统将从暂停前的状态继续运行

4.4.2　软件功能

HNC-21M 的软件操作界面有如下内容。

(1)主显示窗口

可以根据需要用功能键 F9 设置窗口的显示内容。

(2)菜单命令条

通过菜单命令条中的功能键 F1～F10 来完成系统功能的操作,是软件操作界面最重要的部分。

HNC-21M 的系统主菜单分为自动加工、程序编辑、参数、MDI、PLC 及故障诊断六种操作功能。用户可根据该子菜单的内容选择所需的操作,当要返回主菜单时按子菜单下的 F10 键即可。HNC-21M 的菜单层次结构见表 4-4。

表 4-4　HNC-21M 的菜单结构

主菜单	子菜单	主菜单	子菜单
自动加工(F1)	程序选择(F1) 运行状态(F2) 程序校验(F3) 重新运行(F4) 保存断点(F5) 恢复断点(F6) 重新运行(F7) 从指定行运行(F8)	MDI(F4)	刀库表(F1) 刀具表(F2) 坐标系(F3) 返回断点(F4) 重新对刀(F5) MDI 运行(F6) MDI 清除(F7)
参数(F3)	参数索引(F1) 修改口令(F2) 输入权限(F3) 串口通信(F4) 置出厂值(F5) 恢复前值(F6) 备份参数(F7) 装入参数(F8)	程序编辑(F2)	文件管理(F1) 选择编辑程序(F2) 编辑当前程序(F3) 保存文件(F4) 文件另存为(F5) 删除一行(F6) 查找(F7) 继续查找替换(F8) 替换(F9)
PLC(F5)	状态显示(F4)	故障诊断(F6)	清除报警(F2) 报警显示(F6) 错误历史(F7)

（3）工件坐标零点

显示工件坐标系零点在机床坐标系下的坐标。

（4）选定坐标系下的坐标值

坐标系可在机床坐标系、工件坐标系和相对坐标系之间切换，显示值可在剩余进给、实际位置、指令位置、负载电流、跟踪误差和补偿值之间切换。

（5）辅助机能

显示自动加工中的 M、S、T 代码。

（6）倍率修调

显示当前主轴修调倍率、进给修调倍率及快进修调倍率。

（7）运行程序索引

显示自动加工中的程序名和当前程序段行号。

（8）当前加工程序行

显示当前正在或将要加工的程序段。

（9）当前加工方式系统运行状态及当前时间

显示系统工作方式、系统运行状态以及当前系统时间。

4.4.3　基本操作

1. 手动数据输入（MDI）运行

在软件主操作界面下按 F4（MDI）键，进入 MDI 功能子菜单，再按 F6（MDI 运行）键进入 MDI 运行方式，在命令行输入并执行一程序段，即为 MDI 运行。

（1）MDI 输入

MDI 输入的最小单位为一个有效程序字，因此，常用的输入程序段方法有下述两种：

①一次输入多个程序字信息。

②多次输入，每次一个程序字信息。

（2）MDI 运行

运行 MDI 程序段之前，若要修改输入的某一程序字，可以直接在命令行上输入相应的程序字符及数值。

当输入完成后，在控制面板设置工作方式为自动方式，按下"循环启动"键，系统即开始运行所输入的程序段。

（3）MDI 清除

在输入 MDI 数据后，按 F7（MDI 清除）键，可清除当前输入的所有尺寸字数据。在显示窗口内,X,Y,Z,I,J,K,R 等字符后面的数据全部消失,此时可重新输入新的数据。

当系统正在运行 MDI 程序段时,按 F7 键可使其停止运行。

2. 程序编辑与文件管理

在软件主操作界面下,按 F2(程序编辑)键,进入编辑功能子菜单。

在编辑功能子菜单下,可以对零件程序进行创建、编辑、存储、传递以及对文件进行管理。

(1)建立一个新程序文件

在指定的磁盘或目录下建立一个新文件时,新文件不能和指定目录中已经存在的文件同名,否则创建失败,具体操作方法如下:

①在编辑功能子菜单下,按 F2(选择编辑程序)键,将会出现选择编辑程序子菜单。

其中,磁盘程序 F1 为保存在硬盘、软盘或网络路径上的程序文件;正在加工的程序 F2 为当前已经选择存放在加工缓冲区的一个加工程序;串口程序 F3 为与系统通过串口连接的另一计算机上的程序文件。

②用光标键选中"磁盘程序"选项(或直接按快捷键 F1),按"Enter"键后可弹出对话框。

③用"Tab"键选择新文件的存放路径。

④连续按"Tab"键将光标移到文件名栏,按"Enter"键后进入输入状态。

⑤在文件名栏输入新文件的文件名后按"Enter"键确认,弹出程序编辑窗口。

⑥在编辑区输入程序,按 F4(保存文件)键后即可保存当前程序。

(2)程序编辑

当需要对已存在的程序文件进行编辑时,可按下面的步骤进行:

①在选择编辑程序子菜单中,选中"磁盘程序"选项,按"Enter"键。

②在弹出的对话框中,用"Tab"键选择欲编辑文件,按"Enter"键,弹出程序编辑窗口。

③在编辑区使用功能键对程序进行修改。

④修改完毕,按 F4(保存文件)键或 F5(文件另存为)键保存,再按 F10键退出编辑模式。

(3)文件管理

在编辑功能子菜单下,按 F1(文件管理)键,将弹出文件管理菜单。

①新建目录。在指定磁盘或目录下建立一个新目录,但新目录不能和已存在目录同名。

②改文件名。将指定磁盘或目录下的一个文件更名为其他文件,但更改的新文件不能和已存在的文件同名。

③映射网络盘。将指定网络路径映射为本机某一网络盘符,即建立网络连接,只读网络文件编辑后不能被保存。

④断开网络盘。将已建立网络连接的网络路径与对应的网络盘符断开。

⑤拷贝文件。将指定磁盘或目录下的一个文件复制到其他的磁盘或目录下,但复制的文件不能和目标磁盘或目录下的文件同名。

⑥删除文件。将指定磁盘或目录下的一个文件彻底删除,只读文件不能被删除。

⑦发送串口文件。通过串口发送文件到上位计算机。

⑧接收串口文件。通过串口接收来自上位计算机的文件。

3. 加工断点保存与恢复

利用此功能可为用户在加工一些大零件,特别是加工工时长的金属模具时提供方便。

(1)保存断点

用于保存机床在自动加工过程中被中断的加工状态。

①按"进给保持"键,暂停自动加工。

②在自动运行子菜单下,按 F5(保存断点)键,弹出断点保存对话框,如图 4-18 所示。

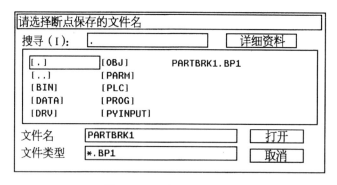

图 4-18 断点保存对话框

③选择断点文件的路径,在文件名栏输入断点文件的文件名。

④按"Enter"键确认,系统将自动建立断点文件。

(2)恢复断点

此功能可恢复加工零件被中断的加工状态。

①如果在保存断点后关闭系统电源,则接上电源后,首先应进行回参考点操作;

②在自动运行子菜单装入中断的零件程序,按 F6(恢复断点)键,可弹出断点恢复对话框,如图 4-19 所示。

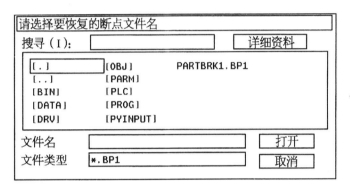

图 4-19　断点恢复对话框

③选择要恢复的断点文件路径及文件名。

④按"Enter"键确认,系统会根据断点文件中的信息恢复中断程序运行时的状态。

⑤按"Y"键,自动进入 MDI 运行方式。

(3)返回断点

如果在保存断点后移动过某些坐标轴,要想继续从断点处加工,必须先将系统定位至加工断点。

①手动移动坐标轴到断点位置附近,确保在返回断点时不发生碰撞。

②在 MDI 功能子菜单下,按 F4(返回断点)键,将断点数据输入 MDI 运行程序段。

③按"循环启动"键,启动 MDI 运行。

④按 F10 键退出 MDI 方式。

定位至加工断点后按下"循环启动"键,即可从断点处继续加工。

(4)重新对刀

在保存断点后,如果工件发生过偏移,可在重新对刀后继续从断点处开始加工。

①手动将刀具移动到加工断点处。

②在 MDI 功能子菜单下,按 F5(重新对刀)键,将断点处的工作坐标输入 MDI 运行程序段。

③按"循环启动"键,修改当前工件坐标系原点,完成对刀操作。

④按 F10 键退出 MDI 方式。

重新对刀后,再按下"循环启动"键,即可从断点处继续加工。

4.5 数控铣床加工技巧与注意事项

4.5.1 零件的安装与夹具的选用

①在安装时注意夹紧力的作用点和方向,尽量使切削力的方向与夹紧力方向一致。

②装夹应迅速方便及定位准确,以减少辅助时间。

③尽量选择通用夹具、组合夹具,使零件在一次装夹中完成全部加工面的加工,以减少定位误差。

④夹具应具备足够的强度和刚度,以保证零件的加工精度。

4.5.2 铣刀结构的选择

在选用铣刀结构时,可根据刀片排列方式进行选择。刀片排列方式可分为平装结构和立装结构两大类。

(1)平装结构

平装结构铣刀的刀片呈径向排列,如图 4-20 所示,其刀体结构的工艺性好,容易加工,并且可以采用无孔刀片。平装结构的铣刀一般可用于轻型和中量型的铣削加工。

(2)立装结构

立装结构铣刀的刀片呈切向排列,如图 4-21 所示,其刀片只用一个螺钉固定在刀槽上,结构简单,转位方便,适用于重型和中量型的铣削加工。

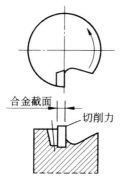

图 4-20　平装结构铣刀

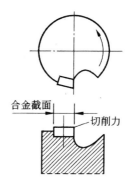

图 4-21　立装结构铣刀

4.5.3　铣刀齿数(齿距)的选择

受容屑空间、刀齿强度、机床功率以及刚性等的限制,不同直径铣刀的齿数有相应规定。为满足不同用户的需要,同一直径的铣刀一般有粗齿、中齿、密齿三种类型。

(1)粗齿铣刀

适用于普通机床的大余量粗加工和软材料或切削宽度较大的铣削加工。

(2)中齿铣刀

通用系列,使用范围广泛,具有较高的金属切除率和切削稳定性。

(3)密齿铣刀

主要用于铸铁、铝合金和有色金属的大进给速度切削加工。在专业化生产中,为充分利用设备功率和满足生产要求,也常选用密齿铣刀。

4.5.4　铣刀直径的选择

铣刀直径的选用取决于设备的规格和工件的加工尺寸。

(1)平面铣刀

选择平面铣刀的直径时应考虑刀具所需功率需在机床功率范围之内,也可将机床主轴直径作为选取的依据。

(2)槽铣刀

槽铣刀的直径和宽度应根据加工工件尺寸选择,并保证其切削功率在机床允许的功率范围之内。

（3）立铣刀

立铣刀直径的选择主要应考虑工件加工尺寸的要求，并保证刀具所需功率在机床额定功率范围以内。

4.6　数控铣床加工实例

如图 4-22 所示，零件的毛坯尺寸为 56mm×56mm×20mm，材料为 45 钢，要求完成凸台轮廓及凸台平面的加工。

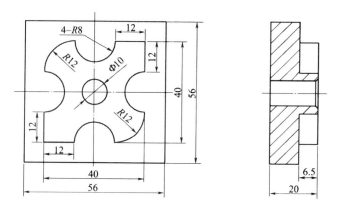

图 4-22　数控铣床加工实例

1. 确定加工方案

分析零件图后，拟采用在先粗加工后精加工的同时，进行分层铣削来完成该零件的凸台轮廓及凸台平面的加工。利用数控系统的刀具半径补偿功能，粗、精加工均按照凸台轮廓的基点走刀，深度方向分两层进行铣削，凸台平面精加工余量为 0.2mm，凸台轮廓精加工余量为 0.5mm。

（1）粗加工

铣深 6.3mm，先铣 44mm×44mm 方，去除余量后，再分两刀粗铣轮廓，留精加工余量 0.5mm。

（2）精加工

铣深 6.5mm，先精铣 44mm×44mm 周边平面，再精铣轮廓。

2. 零件装夹

零件毛坯为方料，要求加工凸台平面及轮廓，可采用平口钳来装夹毛坯,使得毛坯高出钳口约 10mm。

3. 刀具选择切削用量

根据该零件的尺寸、加工余量、加工精度及毛坯材料等,选择 ϕ12mm 硬质合金铣刀进行加工,粗、精加工采用同一把刀具,其切削用量参见表 4-5。

表 4-5　刀具与切削用量

工序内容	刀具名称	刀补号	主轴转速/ (r/min)	进给速度/ (mm/min)	切削深度/ mm
粗加工凸台	ϕ12mm 立铣刀	D01＝7.8mm D02＝6.5mm	1000	100	6.3
精加工凸台	ϕ12mm 立铣刀	D03＝6mm	1500	200	0.2

4. 工件坐标系设定与基点坐标计算

如图 4-23 所示,以毛坯上表面的中心 O 为零点建立工件坐标系,将落刀点 P 设在毛坯外(-40,-40)处。则轮廓各基点的坐标计算如下:
$A(-20,-20)$,$B(-20,-8)$,$C(-20,8)$,$D(-8,20)$,$E(8,20)$,
$F(20,20)$,$G(20,8)$,$H(20,-8)$,$I(8,-20)$,$J(-8,-20)$

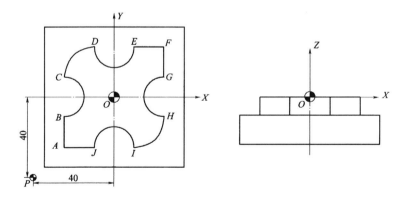

图 4-23　工件坐标系设定

5. 加工路线的确定

为获得较光滑的加工表面,应考虑到粗加工与精加工均采用顺铣方法规划走刀路线,即按 $A \rightarrow B \rightarrow C \rightarrow D \rightarrow E \rightarrow F \rightarrow G \rightarrow H \rightarrow I \rightarrow J \rightarrow A$ 切削。

6. 程序编制

由于粗、精加工均是按照凸台轮廓的基点进行走刀的,为精简程序,现编一子程序以供调用。

参考程序如下:

程序	说明
％1200	主程序
N010 G90 G54 G00 X-40 Y-40 Z10	选择工件坐标系 G54,快速定位
N020 S1000 M03	
N030 Z-6.3	落刀
N040 G01 X-28 Y-28 F100	铣 44mm×44mm 方,去除周边余量
N050 Y28	
N060 X28	
N070 Y-28	
N080 X-28	
N090 G41 D01 X-20 Y-20	调用子程序,粗铣轮廓,D01＝7.8mm
N100 M98 P1000	
N110 G40 X-28 Y-28	
N090 G41 D02 X-20 Y-20	调用子程序,粗铣轮廓,D02＝6.5mm
N100 M98 P1000	
N110 G40 G00 X-40 Y-40	
N120 G01 Z-6.5 F200 S1500	落刀
N130 X-28 Y-28	精铣 44mm×44mm 周边平面
N140 Y28	
N150 X28	
N160 Y-28	
N170 X-28	
N180 G41 D03 X-20 Y-20	调用子程序,精铣轮廓,D03＝6mm
N190 M98 P1000	
N200 G40 G00 X-40 Y-40	
N210 Z10	

续表

程序	说明
N220 M05	
N230 M30	程序结束
%1000	子程序
N010 G01 Y-8	A→B
N020 G03 Y8 R8	B→C
N030 G02 X-8 Y20 R12	C→D
N040 G03 X8 R8	D→E
N050 G01 X20	E→F
N060 Y8	F→G
N070G03 Y-8 R8	G→H
N080 G02 X8 Y-20 R12	H→I
N090 G03 X-8 R8	I→J
N100 G01 X-20	J→A
N110 M99	子程序结束返回

第 5 章　数控加工中心编程与加工技术

加工中心是在数控铣床的基础上发展而来的,其由机械设备与数控系统组成,适用于复杂零件的加工。通过本章的介绍,使读者了解加工中心的分类、功能及与数控铣床的异同,熟悉加工中心简单操作的方法和编程方法,从而达到能够运用加工中心加工简单零件的目的。

5.1　数控加工中心概述

加工中心具有刀库和自动换刀装置,有的还具有分度工作台或双工作台。在工件经一次装夹后,数控系统能控制机床按不同工序自动选择和更换刀具,自动改变机床主轴转速、自动对刀、进给量和刀具相对工件的运动轨迹及其他辅助功能,连续地对工件各加工表面自动进行钻、扩、铰、镗和铣等多种工序的加工;加工中心可减少工件装夹、机床调整、测量、工件周转等许多非加工时间,适合加工形状比较复杂、工序多、精度要求较高的各种复杂型面的零件,如凸轮、盖板、支架、箱体、模具等,具有良好的经济效益。

5.1.1　加工中心的分类

加工中心有多种分类方法,如图 5-1 所示。

下面以主轴与工作台相对位置分类法介绍加工中心。

1. 立式加工中心

如图 5-2 所示,立式加工中心是主轴轴心线为垂直状态设置的加工中心,多用于简单箱体、箱盖、板类零件和平面凸轮等零件的加工。具有结构简单、占地面积小、价格低的优点。

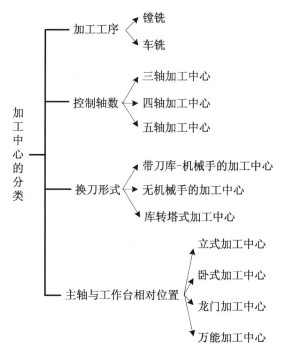

图 5-1　加工中心的分类

2. 卧式加工中心

如图 5-3 所示,卧式加工中心是主轴轴线为水平状态设置的加工中心,较立式加工中心应用范围广,适宜复杂的箱体类零件、泵体、阀体等零件的加工。其不足是占地面积大、重量大、结构复杂、价格较高。

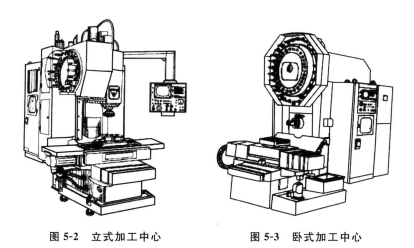

图 5-2　立式加工中心　　　　图 5-3　卧式加工中心

3. 龙门加工中心

龙门加工中心的形状与数控龙门铣床相似,除自动换刀装置以外,还带有可更换的主轴头附件,数控装置的功能也较齐全,尤其适用于加工大型工件和形状复杂的工件。

4. 万能加工中心

万能加工中心也称五面加工中心,其中的小工件装夹能完成除安装面外的所有面的加工,具有立式和卧式加工中心的功能,可适用于具有复杂空间曲面的叶轮转子、模具、刀具等工件的加工。

5.1.2 加工中心的结构

如图 5-4 所示为加工中心的组成。

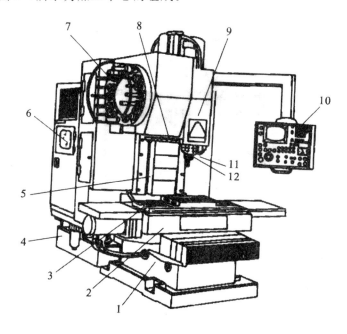

图 5-4 加工中心的组成

1—床身;2—滑座;3—工作台;4—润滑油箱;

5—立柱;6—数控柜;7—刀库;8—机械手;

9—主轴箱;10—操纵面板;11—控制柜;12—主轴

5. 2　数控加工中心的工艺处理

5. 2. 1　加工中心工艺处理步骤

加工中心工艺处理的步骤如图 5-5 所示。

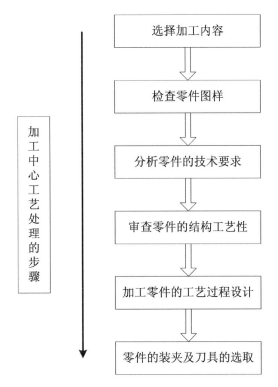

图 5-5　加工中心工艺处理的步骤

5. 2. 2　加工中心的刀库种类及换刀形式

1. 刀库种类

加工中心普遍采用圆盘式刀库和链式刀库。

（1）圆盘式刀库

如图 5-6 所示为圆盘式刀库,是一种固定地址换刀刀库,即每个刀位上都有编号,操作者把一把刀具安装进某一刀位后,不管该刀具更换多少次,总是在该刀位内。

圆盘式刀库有如下特点:

①制造成本低。

②换刀时间长。

③总刀具数量受限。

④每次机床开机后刀库必须"回零"。

(2)链式刀库

链式刀库的换刀是随机地址换刀,每个刀套上无编号,其具有换刀迅速、可靠的特点。

链式刀库有如下特点:

①制造成本高。

②换刀时间短。

③需定期更换齿轮油。

④总刀具的数量多。

⑤刀号的计数原理与固定地址选刀相同。

图 5-6 圆盘式刀库

2. 刀库换刀形式

由于多数加工中心的取送刀具位置都是在刀库中某一固定刀位,因此刀库还需要有使刀具运动的机构来保证换刀的进行。常用的刀具换刀形式有以下两大类。

(1)无机械手换刀

无机械手换刀方式必须先将用过的刀具送回刀库,再从刀库中取出新刀具,所用换刀时间长。

(2)机械手换刀

如图 5-7 所示,采用机械手进行刀具交换,此种应用最为广泛,机械手换刀有很大的灵活性,可减少所用的换刀时间。

5.3 加工中心编程

5.3.1 常用 6 代码

加工中心的 T、H、D、F、S、G 功能指令与数

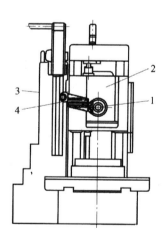

图 5-7 机械手换刀

1—主轴;2—主轴箱;

3—刀库;4—机械手

控铣床的基本相同,不同之处主要是:加工中心具有换刀、刀具补偿和孔加工固定循环三大指令,而数控铣床没有换刀和孔加工固定循环指令。

1. T 功能

T 在加工中心程序中代表刀具号,如 T2 可表示第 2 把刀具号。也有的加工中心刀具在刀库中随机放置,由计算机记忆刀具实际存放的位置。

2. G30 返回第二、三、四参考点

加工中心第一参考点一般为机床各坐标机械零点,而机床通常还设有用于机床换刀、拖板交换等的第二、三、四参考点。这些参考点的位置是在机床安装调试时实际测量出来,由机床参数设定的,其实质是与第一参考点之间的一个固定距离。

加工中心要换刀,必须先回换刀点,可用 G28 指令。

换刀指令 1:

G28 Z__M06 T__;

该程序段在执行时,首先执行 G28 指令,刀具沿 Z 轴移动到中间点,再由中间点返回到参考点执行换刀动作,如图 5-8 所示。本次所交换的为前段换刀指令执行后转换至换刀处的刀具,而本段指定的 Txx 号刀具在下一次交换时使用。在完成换刀指令后,紧接着执行选刀指令,刀库运转选刀的同时,机床继续执行后续程序,这种时间上的重叠,可以有效提高工作效率。

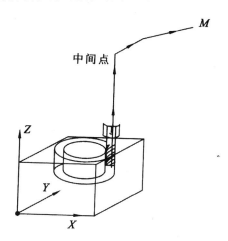

图 5-8 换刀指令中刀具返回换刀点

换刀指令 2:

G28 Z__T__M06;

执行本程序段时,在刀具返回参考点的同时,刀库也开始转位,先选刀,再换刀。换到主轴的刀具就是本程序段指定的 Txx 号刀具。若刀具返回到参考点所用的时间少于选刀的时间,就需要等到刀库中相应的刀具转到换刀点以后再执行 M06。故这种方法可能导致占用时间较长。

G30 指令形式如下:

G30　P2(P3、P4)X_Y_Z_;

该指令用法与 G28 指令基本相同,只是它返回的不是机床零点。其中 P2 指第二参考点,P3、P4 指第三、四参考点。如果只有一项坐标返回第二参考点,那么其余的坐标指令可以省略。

3. F、S、H/D 功能

(1)F、S 功能

F、S 功能与数控铣床大体相同,主要用于机床主轴转速和各坐标切削的进给量。

(2)H/D 功能

由于每把刀具的长度和半径各不相同,需要在刀具交换到主轴上以后,通过指令自动读取刀具长度,在 H 代码后面加两位数字表示当前主轴刀具的实际长度,其数值储存于相应存储器中。

程序中用地址 H 来指定补偿量存储器序号(偏置号),而在补偿量存储器中设定补偿值。刀位点和刀具长度定位基准点如图 5-9 所示。

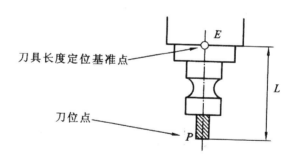

图 5-9　刀位点和刀具长度定位基准点

1)刀具长度补偿的建立

刀具长度补偿分为正向补偿和负向补偿,分别用 G43 和 G44 来指定,G43、G44 均为模态指令。

指令格式:

G00(G01)G43/G44 Z_H_;

刀具长度补偿只能在进行直线移动时建立,即先补偿,后移动。Z 值为编程值,H 后的数字为长度补偿值的存储器号码(偏置号),从 H00 到 H32,H00 存储值固定为 0。长度补偿值与偏置号相对应,由 CRT/MDI 操作面板预先在偏置存储器中设定。

对应于偏置号的补偿量将自动与编程值相加(G43)或相减(G44),据此可以控制所用刀具刀位点到达的位置。

在绝对编程中,执行 G43/G44 时,CNC 控制基准刀具刀位点的实际位置有以下关系。

执行 G43 时,Z 实际值＝Z 编程值＋H_中的补偿值,如图 5-10 所示。

执行 G44 时,Z 实际值＝Z 编程值-H_中的补偿值,如图 5-11 所示。

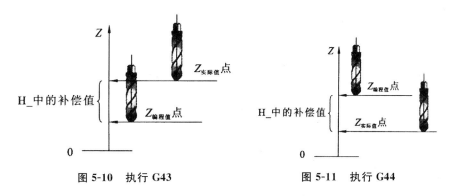

图 5-10　执行 G43　　　　　　　图 5-11　执行 G44

2)刀具长度补偿的取消

G49 是刀具长度补偿指令 G43/G44 的取消指令,当程序执行到 G49 时,刀具长度补偿从该程序段起被取消。除用 G49 撤销刀具长度补偿之外,也可以用 G43/G44 H00 取消刀具长度补偿。另外,在机床通电复位时,其默认状态为取消刀具长度补偿。

指令格式:

G00(G01)G49Z_;或 G00(G01)G43/G44 Z_H00;

在刀具使用中,如果同一把刀具的使用方法不同,可以有多个刀具长度分别存储于不同的存储器中。例如同样是 T2 刀,可以把刀具长度 1 存储于 H2 中,把刀具长度 2 存储于 H20 中,需要时分别调用。

D 指令为读取刀具半径数据,其用法与 H 指令相同。

5.3.2　孔加工固定循环指令

在对一个精度要求不高的孔进行加工时,往往只需要一把刀具做一次切削即可完成;然而,对于精度要求高的孔则需要几把刀具多次加工才能完成;加工一系列不同位置的孔需要计划周密、组织良好的走刀路线,选择适当的工艺方法方可完成。

1. 孔加工固定循环的动作组成

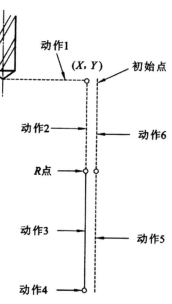

孔加工循环通常由六个动作组成。如图 5-12 所示,虚线表示的是快速进给,实线表示的是切削进给。

动作 1 表示 X 轴和 Y 轴的定位,可使刀具快速定位到孔加工位置,即初始点或初始平面,如图 5-13 所示。

动作 2 表示将刀具快速移动到 R 点(R 平面)。

动作 3 指对孔进行加工,切削进给。

动作 4 表示在孔底的动作,主要有暂停、主轴定向停止、刀具移动等,如图 5-14 所示为孔底平面。

动作 5 表示刀具返回到 R 点,而后继续加工其他孔。

图 5-12　孔加工固定循环动作

动作 6 表示刀具快速移动到初始点或初始平面。

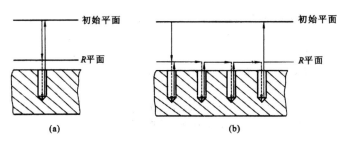

图 5-13　初始平面与 R 平面

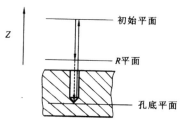

图 5-14　孔底平面

2. 孔加工固定循环指令的通用格式

$$\begin{Bmatrix} G90 \\ G91 \end{Bmatrix} \begin{Bmatrix} G98 \\ G99 \end{Bmatrix} \text{G\_X\_Y\_Z\_R\_P\_Q\_F\_K\_L\_;}$$

(1)数据形式代码 G90、G91

固定循环中地址 X_和 Y_是加工孔的坐标位置,Z_用于指定孔底位置,R_用于指定 R 点的位置,它们的数据指定与 G90 或 G91 的方式选择有关。

当选择 G90 方式时,X 和 Y 是绝对坐标值。Z 与 R 均取其 Z 向的绝对坐标值,如图 5-15(a)所示。

在选择 G91 方式时,X 和 Y 是相对起刀点的相对坐标值。Z 指自 R 点到孔底平面上 Z 点的距离,R 指自初始点到 R 点的距离,如图 5-15(b)所示。

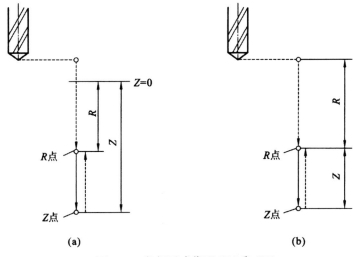

(a)　　　　　　　　　　(b)

图 5-15　数据形式代码 G90 和 G91

(2)返回点平面代码 G98、G99

在孔加工循环结束后,G98 和 G99 两个模态指令可以控制刀具用 G98 返回到初始平面,如图 5-16 所示。

5.3.3　加工中心子程序编程

1. 子程序的格式

O____;　　　　　//子程序号
⋮　　　　　　　　//子程序内容
M99;　　　　　　//子程序结束

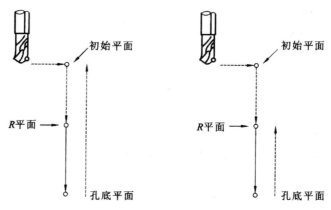

图 5-16　返回点平面代码 G98 和 G99

　　子程序的内容编程与一般程序编制方法相同。在子程序的开头,继字母"O"后规定了子程序号,其由 4 位数字构成。M99 为子程序的结束指令,不一定单独用一个程序段,可以放在最后一个程序段的末尾。

2. 子程序的调用

指令格式:

M98 P____L____;

M98 是调用指令,P 后的 4 位数字为子程序号,地址 L 指令规定重复调用的次数,当 L 省略时默认为 1 次,最多为 9999 次。

3. 子程序的执行过程

在主程序中调用子程序的过程:

主程序:	子程序:
00001;	01010;
N0010;	N1020…;
N0020 M98 P1010 L3;	N1030…;
N0030…;	N1040…;
N0040 M98 P1010;	N1050…;
N0050…;	N1060 M99;
⋮	

　　当主程序执行到 N0020 时,转而执行 01010 子程序,重复三次后继续执行 N0030 程序段。在执行 N0040 时又转去执行 01010 子程序一次,返回后继续执行 N0050 及后续程序段。

　　在加工中心程序中,主程序中可以只有换刀和调用子程序等指令;此外,每一个独立的工序编成一个子程序。

5.4　加工中心操作面板的说明及基本操作

5.4.1　加工中心操作面板的说明

XH714/6 立式加工中心采用 SINUMERIK 810D 数控系统,是一种中小规格、高效的数控机床。通过编程,XH714/6 立式加工中心可在一次装夹中自动完成多种工序的加工;如果选用数控转台,则可以扩大为四轴控制,从而达到实现多面加工的目的。

XH714/6 立式铣削加工中心的操作面板与数控铣床 SINUMERIK 802D 的系统面板相似,其部分按钮功能见表 5-1。

表 5-1　增加的按钮功能

按钮	功能
使能	进给使能
刀库正转 刀库反转	手动方式下,刀库顺、逆时针旋转
冷却	冷却系统开关
冲屑	冲屑系统开关

5.4.2　XH714/6 立式铣削加工中心的操作

1. 开机操作

XH714/6 立式铣削加工中心的开机操作步骤如图 5-17 所示。

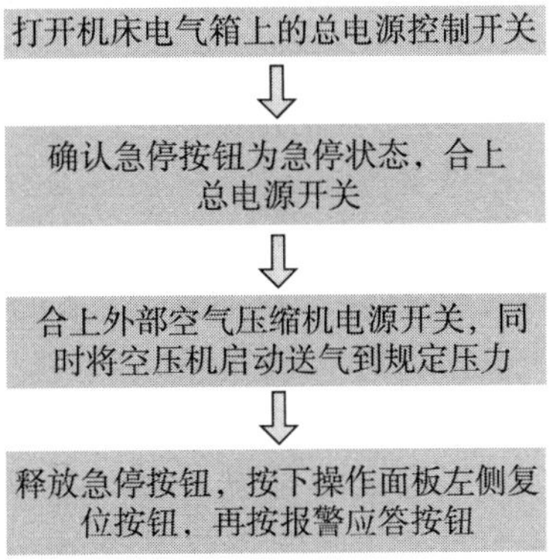

2. 机床回零操作

①按功能键手动→回参考点。

②重复以上操作,激活系统,并以 LED 显示。

打开机床电气箱上的总电源控制开关

⬇

确认急停按钮为急停状态,合上总电源开关

⬇

合上外部空气压缩机电源开关,同时将空压机启动送气到规定压力

⬇

释放急停按钮,按下操作面板左侧复位按钮,再按报警应答按钮

图 5-17　XH714/6 立式铣削加工中心的开机操作步骤

③按 $\boxed{//}$ 键复位→ $\boxed{○?}$,并在主轴启动→ $\boxed{使能}$ 进行进给启动。

④在选择轴上选择按钮 $\boxed{+Z}$ 。

⑤将主轴向上移动回参考点,屏幕显"z $\boxed{◆}$ 0.000"。

⑥利用同样的方法,改变轴选择按钮,选择 $\boxed{+X}$ 或 $\boxed{+Y}$ 。

⑦工作台 X 轴,Y 轴及主轴回到参考点。

3. 刀库装刀操作

①按 $\boxed{回}$ MDA 方式,激活 LED 显示,通过 MDI 面板手工输入程序段:

T×M06　　　　　//选择空刀座,其中"×"为空刀座号

LL6　　　　　　//换刀子程序(LL6 为换刀专用程序)

②刀库复位后,按 $\boxed{ꜚ}$ JOG 手动方式,进行手工装刀。

③重复步骤①装第 2 把刀,然后依次执行,直到将刀库装满为止。

④在所有空刀座完成装刀后,主轴上总是存在一把刀具。

4. 关机操作

XH714/6 立式铣削加工中心的关机操作步骤如图 5-18 所示。

5.5　加工中心操作技巧与注意事项

5.5.1　加工中心定位基准的选择技巧

在加工中心上加工时,零件的装夹仍需遵守六条定位原则。这就使得在选择加工中心定位基准时,要全面考虑到各个工位的加工情况,从而达到以下三个目的。

(1)工件定位准确

所选择的基准应能保证工件的定位准确,装卸工件方便,能迅速完成工件的定位和夹紧,夹紧可靠,且夹具结构简单。

(2)零件运算简单

所选定的基准与各加工部位的各个尺寸之间的运算应简单,尽量减少尺寸链计算,从而避免或减少计算环节和计算误差。

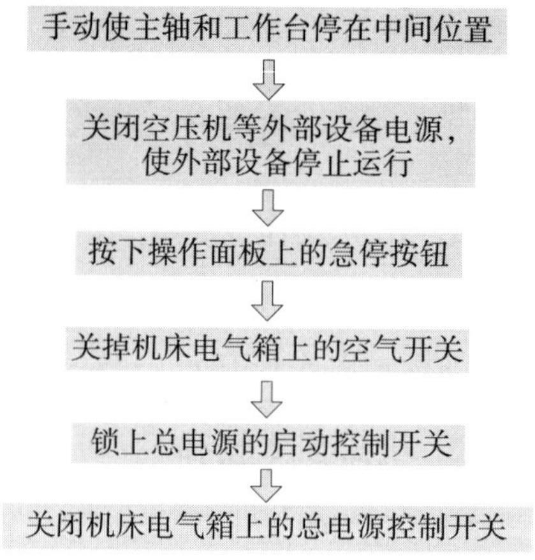

图 5-18　XH714/6 立式铣削加工
中心的关机操作步骤

（3）保证各项加工精度

在具体确定零件的定位基准时，要遵循 5 项原则，如图 5-19 所示。

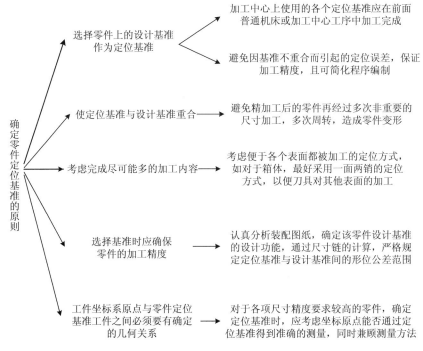

图 5-19　确定零件定位基准的原则

5.5.2　加工中心刀具的选择及使用技巧

一般来说，加工中心所用的刀具应具有较高的耐用度和刚度，刀具材料抗脆性好，有良好的断屑性能，且可调易更换等。在加工中心上进行加工时，所选择的刀具要注意如下要点。

（1）选用不重磨硬质合金端铣刀或立铣刀进行平面铣削

一般铣削时，尽量采用二次走刀加工，第一次走刀最好使用端铣刀粗铣，选好每次走刀宽度和铣刀直径，使得接刀痕不影响精切走刀的精度。因此，加工余量大又不均匀时，铣刀直径要选小些；反之，选大些。精加工时铣刀直径要选大些，最好能包容加工面的整个宽度。

（2）使用立铣刀和镶硬质合金刀片的端铣刀加工凸台、凹槽和箱口面

可采用端齿特殊刃磨的铣刀使得轴向进给时易于吃刀，如图 5-20（a）所示；如图 5-20（b）所示，为了减少振动，可采用非等距三齿或四齿铣刀。为了

加强铣刀强度,应加大锥形刀心、变化槽深、加强刚度的立铣刀,如图 5-20(c)
所示。

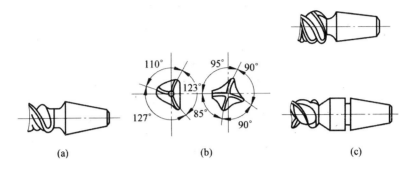

图 5-20　加工中心所用的立铣刀

(a)轴向进给加工;(b)非等距立铣刀刀齿;(c)加强刚度

(3)数控加工时常用球头刀、环形刀、鼓形刀和锥形刀

数控加工曲面和变斜角轮廓外形时常用球头刀、环形刀、鼓形刀和锥形
刀等,如图 5-21 所示。鼓形刀和锥形刀都可用来加工变斜角零件,这是单
件或小批量生产中取代四坐标或五坐标机床的一种变通措施。

1)鼓形刀

鼓形刀的刃口纵剖面磨成圆弧 R_1,加工中改变刀刃的切削部位,可以
在工件上切出从负到正的不同斜角值。圆弧半径 R_1 越小,刀具所能适应
的斜角范围就越广。

2)锥形刀

锥形刀的刃磨容易,切削条件好,加工效率高,工件表面质量也较好,但
是加工变斜角零件的灵活性小。当工件的斜角变化范围大时要中途分阶
段换刀,留下的金属残痕多,增大了手工挫修量。

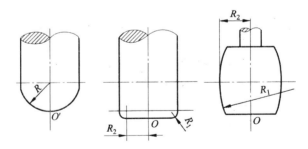

图 5-21　曲面轮廓加工常用刀具

（4）铣削平面零件的周边轮廓一般采用立铣刀

其中，刀具的结构参数为：

①刀具半径 R 应小于零件内轮廓的最小曲率半径 ρ，一般取 $R = (0.8 \sim 0.9)\rho$。

②零件的加工高度 $H \leqslant (1/6 \sim 1/4)R$，以保证刀具有足够的刚度。

③在进行内型面的粗加工时，刀具直径可按下式估算，如图 5-22 所示：

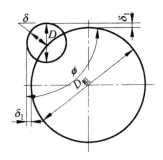

$$D_c = \frac{2\left(\delta \sin \dfrac{\varphi}{2} - \delta_1\right)}{1 - \sin \dfrac{\varphi}{2}} + D$$

式中，δ_1 为槽的精加工余量；δ 为加工内型面时的最大允许精加工余量；φ 为零件内壁的最小夹角；D 为工件内型面最小圆弧直径。

图 5-22　刀具直径估算

5.5.3　加工中心主轴维护保养的技巧与禁忌

1. 加工中心主轴维护保养要求

（1）主轴的润滑

检查主轴润滑恒温油箱，并保证适当温度范围且油量充足。将吸油管插入油面以下 2/3 处，防止各种杂质进入润滑油箱，保持油液清洁。至少每年对油箱中的润滑油更换一次，清理池底，清洗过滤器和更换液压泵滤油器。

（2）保证无异物

要保证主轴锥孔中无切屑、灰尘及其他异物，可以用主轴清洁棒清洁主轴内锥孔，保证主轴与刀柄连接部位的清洁。

（3）主轴端支承密封

经常检查主轴端及各处密封，防止润滑油泄漏。

（4）保证刀具夹紧

确保碟形弹簧的伸缩量，使刀具夹紧，保证压缩空气的气压。

（5）保证卡位正确

刀柄在刀库的卡位要正确，防止换刀时刀具与主轴的机械碰撞。

2. 加工中心主轴维护保养的禁忌

当刀柄较长时间处于不用状态时，一定要将刀柄从主轴上取下来，以避免刀柄与主轴内锥孔贴死，致使无法取下刀柄，从而损坏主轴。

5.6 加工中心操作实例

加工如图 5-23 所示的零件图。

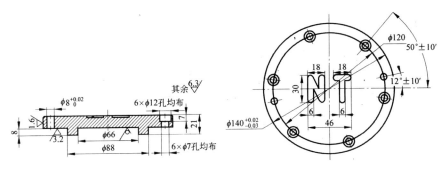

图 5-23 零件图

其加工要求为：

①字宽 6mm，R3 圆弧过渡，字深 2mm，$Ra=3.2\mu m$。

②锐边倒角 $1\times45°$。

③材料铸铁。

5.6.1 工艺分析

1. 确定工件坐标系

由图 5-23 可知，以 $\phi140$，$\phi120$ 中心为坐标零点，确定 X、Y、Z 三轴，可建立工件坐标系，其中对刀点的 XY 平面坐标为 X0、Y0。

2. 确定加工方案

采用工件一次装夹，自动换刀完成全部以下内容的加工：

①$\phi140$ 外圆铣削，采用 $\phi12$ 螺旋立铣刀铣削加工。

②$6\times\phi7$ 孔均布，$6\times\phi12$ 孔均布为同一中心孔，$\phi8$ 底孔采用 $\phi7$ 钻头钻孔。

③NT 刻字铣削，采用 $\phi6$ 键槽铣刀铣削加工。

④$6\times\phi12$ 孔均布孔深 7mm，采用 $\phi12$ 键槽铣刀锪孔。

⑤$\phi12$、$6\times\phi7$ 孔均布、$\phi8$ 加工先打中心孔，采用 A2 中心钻钻中心孔。

⑥$\phi8$ 采用铰刀（机用）铰前孔。

5.6.2　数值计算

1. φ140 外圆铣削

以(0,0)点,半径为 70mm 逆圆插补,刀具半径补偿 6mm。

2. 孔序加工

以半径 60mm 进行孔系加工,以 φ8/12°孔为基准孔,打出各孔中心孔,有关的角度为:

$$AP=12°;AP=50°;AP=110°;AP=170°;$$
$$AP=192°;AP=230°;AP=290°;AP=350°$$

3. 刻字坐标计算

刀具为 φ6,半径为 3mm,取刀具中心轨迹。
(1)N 字坐标点
$$X—20,Y—12;X—20,Y12;X—8,Y—12;X—8,Y12$$
(2)T 字坐标点
$$X20,Y12;X18,Y12;X14,Y—12$$

5.6.3　编制数控加工工艺文件

数控加工工艺文件的内容如图 5-24 所示。

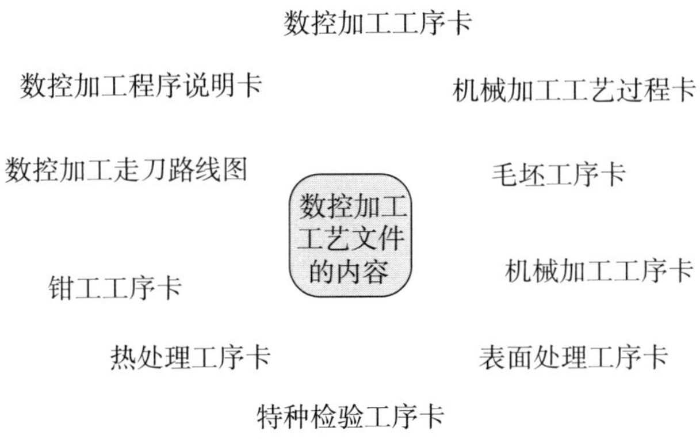

数控加工工序卡

数控加工程序说明卡　　　　机械加工工艺过程卡

数控加工走刀路线图　　　　毛坯工序卡

数控加工
工艺文件
的内容

钳工工序卡　　　　机械加工工序卡

热处理工序卡　　　　表面处理工序卡

特种检验工序卡

图 5-24　数控加工工艺文件的内容

5.6.4　程序编制

本零件可采用手工编程自动换刀,通过一次装夹过程来完成整个零件的加工,编制的参考程序如下所述。

1. 主程序 AB1

主程序 AB1 见表 5-2。

表 5-2　主程序 AB1

程序	说明	程序	说明
N102　T6 M6	换刀指令(φ12 立铣刀)	N132　M5	主轴停
N104　LL6	换刀子程序	N134　T4 M6	换刀指令(φ12 立铣刀)
N106　GOTOF		N136　LL6	换刀子程序
N108　G90G40G54		N138　G1 Z-350 F1500	
N110　G1 Z-350 F1000		N140　M3 S600	主轴运转
N112　G1G41 T6 D1 X90 Y90 F1500	至起刀点,刀具左偏置	N142G1 X-20 Y-20 F500	刻字开始,对刀
N114　M3 S 600	主轴运转	N144G1 Z-395 F200	下刀
N11 6　Z-382	下刀	N14 6　Z-397 F50	Z 向进刀切入 2 mm
N118　G1 Z-397 F500	Z 向进刀	N148　Y12 F60	
N120　X0 Y70 F100	切入工件	N150　X-8 Y-12	
N122　G3 I0 J-70	加工 φ140 外圆	N152　Y12	N 字刻字完成
N124　G1 X-20	沿切线切出	N154　Z-385 F1600	提刀
N126　G1 Z-350 F1000	提刀	N156　X8 Y12	T 字对刀
N128　G40	取消刀具补偿	N158　G1 Z-395 F200	下刀
N130G1 X0 Y0 F1500	回工件坐标系零点	N160　Z-397 F50	进刀切入 2 mm
N162　X20 F200		N240　G1 Z-200 F1000	下刀
N164　X14		N242　G90 RP=60 AP=12	第 1 个孔, 半径 60 mm,12°
N166　Y-12	T 字刻字完成	N244　G1 Z-300 F500	至安全高度
N168　Z-350 F1500	提刀	N246　L902	钻孔子程序
N170　X0 Y0		N248　AP=50	第 2 孔
N172　M5	主轴停	N250　L902	
N174　T10 M6	换刀(A2 中心钻)	N252　AP=110	第 3 孔
N176　LL6	换刀子程序	N254　L902	
N178　G90 G54 G40		N256　AP=170	第 4 孔

续表

程序	说明	程序	说明
N180 　G111 X0 Y0	钻孔	N258L902	
N182 　M3 S500	主轴运转	N260 　AP＝192	第 5 孔
N184G1 Z-300 F1000	下刀	N262 　L902	
N186 　G90 RP＝60　　AP＝12	第 1 个孔，半径 60 mm，12°角	N264 　AP＝230	第 6 孔
N188 　G1 Z-370.7 F500	下刀至安全高度	N266 　L902	
N190 　L901	打中心孔子程序	N648 　AP＝290	第 7 孔
N192 　AP＝50	第 2 孔，φ12，φ6×7 孔第 1 孔	N270 　L902	
N194 　L901		N272 　AP＝350	第 8 孔
N196 　AP＝50	第 3 孔，110°	N274 　L902	
N198 　L901		N276 　G40	
N200Ap；170	第 4 孔，170°	N278 　G1 Z-300 F1000	提刀
N202 　L901		N280 　G0 X0 Y0	
N204 　AP＝192	第 5 孔，φ8 第二孔	N282 　M5	主轴停
N206 　L901		N284 　T7 M6	换刀指令（φ12 键铣刀）
N208 　AP＝230	第 6 孔	N286 　LL6	换刀子程序
N210 　L901		N288 　G90 G54 G40	
N212 　AP＝290	第 7 孔	N290 　G11 X0 Y0	
N214 　L901		N292 　M3 S500	主轴运转
N216 　AP＝350	第 8 孔	N294 　G1 Z-350 F1000	
N218 　L901		N2 96 　G90 RP＝60　　AP＝50	第 1 孔
N220 　G40	取消刀具补偿	N298G1 Z-370 F500	安全高度
N222G1 Z-300 F1000	提刀	N300 　L903	锪孔子程序
N224 　X0 Y0		N302 　AP＝110	
N226 　M5	主轴停	N304 　L903	
N228；PP		N306 　AP；170	
N230 　T9 M6	换刀指令（φ7 麻花钻）	N308 　L903	
N232 　LL6	换刀子程序	N310 　AP＝230	
N234 　G90 G54 G40		N312 　L9U3	
N236G111 X0 Y0		N314 　AP＝290	
N238 　M3 S600		N316 　L903	

程序	说明	程序	说明
N318　AP＝350		N342　G90 RP＝60 　　　　AP＝12	第1孔
N320　L903		N344G1 Z-300 F150	安全高度
N322　G40		N346　L904	铰孔子程序
N324　G1 Z-300 F1000	提刀	N348　AP＝192	第2孔
N326　X0 Y0		N350　L904	
N328　M5		N352　G40	
N330　T5 M6	换刀指令(φ8铰刀)	N354G1 Z-200 F1000	提刀
N332　LL6	换刀子程序	N356　X0 Y0	
N334　G90 G54 G40		N358　M5	主轴停
N336G111 X0 Y0		N360　G500	零点取消
N338　M03 S600		N362　M30	程序结束
N340G1 Z-200 F1000	下刀		

2. 换刀子程序 LL6

换刀子程序 LL6 见表 5-3。

表 5-3　换刀子程序 LL6

程序	说明	程序	说明
N100 G01 Z-129.20 F4000	主轴准停位置(不允许修改)	N106　G4 F0.5	暂停 0.5s
N101　　　　　SPOS ＝284.139	主轴准停位置(不允许修改)	N107　G01 Z-12 9.20 F4000	下降至准停位置
N102　M28	刀库进入	N108　M10	刀具夹紧
N103　M11	刀具放松	N109　M29	刀库退出
N104 G01 Z0 F2000	主轴回零	N110　G4 F2.5	暂停 2.5s
N105　M32	刀库转动寻找换刀位(PLC处弹)	RET	子程序返回

3. 钻中心孔子程序 L901

钻中心孔子程序 L901 见表 5-4。

表 5-4   钻中心孔子程序 L901

程序	说明
N101 G91 G1 Z-5 F100	相对坐标编程
N102 Z-8 F50	钻孔
N103 Z13 F1000	提刀
N104 G90	绝对坐标
RET	子程序返回

4. φ7 钻孔子程序 L902

φ7 钻孔子程序 L902 见表 5-5。

表 5-5   φ7 钻孔子程序 L902

程序	说明
N101 G91 G1 Z-18 F200	相对坐标编程
N102 Z-20 F50	钻孔
N103 Z38 F1000	提刀
N104 G90	绝对坐标
RET	子程序返回

5. φ12 键锪孔子程序 L903

φ12 键锪孔子程序 L903 见表 5-6。

表 5-6   φ12 键锪孔子程序 L903

程序	说明
N101 G91 G1 Z-18 F200	相对坐标编程
N102 Z-7 F50	锪孔,孔深 7mm
N103 Z25 F1000	提刀
N104 G90	绝对坐标
RET	子程序返回

6. φ8 铰刀铰孔子程序 L904

φ8 铰刀铰孔子程序 L904 见表 5-7。

表 5-7　φ8 铰刀铰孔子程序 L904

程序	说明
N101　G91 G1 Z-18 F200	相对坐标编程
N102　Z-20 F50	铰孔
N103　Z38 F1000	提刀
N104　G90	绝对坐标
RET	子程序返回

第6章　数控电火花线切割编程与加工技术

数控电火花线切割技术是直接利用电能和热能对工件进行加工,它能加工普通机床无法加工的高难度工件。自20世纪50年代以来数控电火花切割加工凭借自己的优势获得了迅速的发展,已经成为一种高精度高自动化的加工方法。

6.1　数控电火花线切割概述

数控电火花线切割机床简称"线切割机床",电火花切割加工是数控机床加工的一种特殊种类,也称为特种加工。它是利用电火花技术发展而来的一种加工机床,简称为"电加工",是基于浸在工作液中的工件与工具电极之间脉冲放电时产生的瞬时高温作用下金属的熔化甚至汽化蚀除材料。

6.1.1　数控电火花线切割机床的加工原理

电火花线切割加工中的工具电极是轴向移动的金属丝,因此又称为"线切割"。数控电火花线切割机床的工作原理如图 6-1 所示。

线切割加工所用的工具电极是金属丝,电极丝和接脉冲电源的负极相连,经导丝轮沿电极丝轴向做往复运动或者单向运动。工件和脉冲电源的正极相连,安装在与床身绝缘的工作台上,并随由控制电极驱动的工作台沿加工轨迹移动。加工过程中一般不考虑其损耗,工作液为乳化液,其电加工参数主要是脉冲高度、脉冲宽度和脉冲间隔三项。

数控电火花线切割加工和其他加工方式相比其特点主要有:
①加工的零件通常都是普通机床难以加工的。
②由于电极丝在加工时不接触工件,这十分有利于加工细小零件。
③加工时无须刃磨刀具,缩短辅助时间。

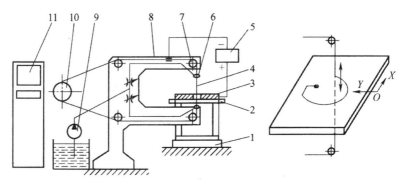

图 6-1　线切割加工原理

1—工作台；2—夹具；3—工件；4—电极丝；5—脉冲电源；6—喷嘴；

7—导轮；8—丝架；9—供液系统；10—储丝筒；11—控制柜

④电极丝材料不需比工件材料硬。

⑤加工参数（脉冲高度、脉冲宽度、脉冲间隔、走丝速度等）调节方便，便于实现加工过程的自动化控制。

⑥切缝窄，材料利用率高。

⑦与切削加工相比，线切割加工的效率低，加工成本高，不适合大批量生产。数控电火花线切割机床可加工硬质合金、淬火钢等导电的金属材料，适合于加工形状复杂的细小零件和窄缝等，广泛用于模具零件、加工样板等切割。

6.1.2　数控电火花切割机机床的组成

数控电火花线切割机床的组成结构如图 6-2 所示，下面将分别介绍。

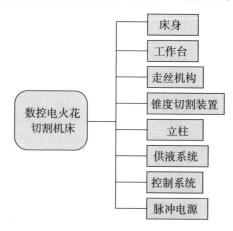

图 6-2　数控电火花机床的组成

①床身起支撑和连接作用。它支撑着工作台、运丝机构等部件,内部安放机床电器和工作循环系统。

②工作台用于装夹工件,可沿 X 轴、Y 轴方向移动的十字滑台。由驱动电动机、测速反馈系统、进给丝杠、纵向和横向拖板、工作液盛盘等组成。

③走丝机构根据其速度可分为快走丝机构和慢走丝机构。它用于控制电极丝沿 Z 轴方向进入与离开放电区域,是电火花线切割机床的重要组成部分。

④锥度切割装置是用于加工有锥度的工件的内外表面的。

⑤立柱是支撑基础件的装置,它支撑着走丝机构、Z 轴和锥度切割装置。

⑥供液系统为电火花加工提供了外部环境,它作为电火花加工的介质也是线切割机床不可缺少的组成部分。

⑦控制系统现在一般采用计算机控制,它控制着机床的加工轨迹和主要部件。其作用是控制电极丝的运动轨迹,确保走丝系统、供液系统正常的运转,并按加工的要求调整进给速度、接触感知、短路回退、间隙补偿。

⑧脉冲电源一般集成于控制柜中,它为工件和电极丝之间的放电加工提供能量,直接影响加工质量和加工效率。脉冲电源输出的是高频率的单向脉冲电流,线切割加工时电极丝接脉冲电源的负极,工件接正极。

6.2　数控电火花线切割加工工艺处理

6.2.1　电极准备

电极是一个重要的原件,电火花加工的一个关键步骤是设计并制作一个稳定性良好的电极。设计电极时应注意以下因素:

①材料的选用。

②尺寸和个数的确定。

③电极上是否要开设冲液孔。

④电极定位的基准面。

⑤制作方法。

电极的常用材料为石墨和纯铜。精加工电极的材料为纯铜,粗加工电极材料为石墨。

1. 电极设计

设计电极时应从以下几个方面考虑:

①从产品图样中确定电火花的加工位置；

②确定电极的结构形式，其结构形式的确定主要是根据现有设备、材料、拟采用的加工工艺等确定的。

③根据不同的工艺要求，对照型腔尺寸进行缩放。

(1)电极的结构形式

根据型孔或型腔的尺寸和复杂程度，根据工艺要求来确定电极的结构形式。如图 6-3 所示，常用的电极结构形式有三种。

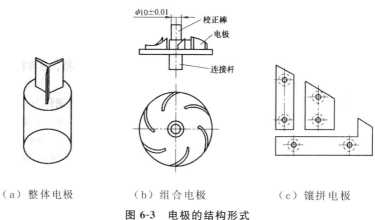

（a）整体电极　　　（b）组合电极　　　（c）镶拼电极

图 6-3　电极的结构形式

(2)电极的尺寸

选择电极的尺寸的前提是确定电极的公差。一般情况下，电极的公差为工件公差的 1/2。粗加工的电极公差大于精加工的电极公差。定位误差主要由装夹系统造成，与电极的制造也有一定的关系。

其次是减寸量的确定，即电极和欲加工型面之间的尺寸差。当无平动加工时，精加工电极的减寸量由放电间隙($2\delta_0$)确定，粗加工电极的减寸量由安全间隙(M)确定。放电间隙放电时，电极与工件间的间距是双边放电间隙。放电间隙的确定如图 6-4 所示。无平动加工时，最后一个电极应比要加工成型的尺寸小 $2\delta_0$。

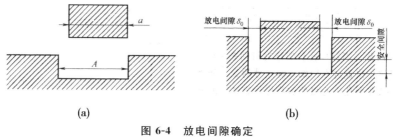

(a)　　　　　　　　　　　**(b)**

图 6-4　放电间隙确定

在无平动加工时,安全间隙是能够保证放电和加工质量的电极与工件之间的距离。安全间隙的确定方法如图 6-5 所示。安全间隙包括:放电间隙 δ_0、粗加工侧面表面粗糙度 δ_2 和安全余量 δ_1(安全余量来自温度影响及表面粗糙度的测量误差值等),即 $M=2(\delta_0+\delta_2+\delta_1)$。

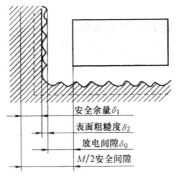

图 6-5　安全间隙确定

此外,还要考虑材料的因素,如材料的热膨胀系数和再加工余量等。

2. 电极的制造

选择好电极的加工方法后就可以开始加工,通常采用的加工制造方法有数控铣削、车削、线切割等。

6.2.2　加工路线的选择

①切割路线。正确的切割路线应从远离夹具的方向开始进行,然后再转向工件夹具的方向。如图 6-6(a)、(b)所示的切割路线是错误的,如果按照这种路线进行加工,极易引起材料的变形,因为第一段切割导致余下材料和夹持部分的连接甚少。通常情况下工件和其夹持部分的分割线路安排在切割路线的末端。

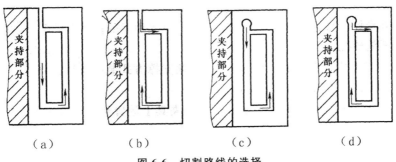

（a）　　　　　（b）　　　　　（c）　　　　　（d）

图 6-6　切割路线的选择

②应避免从工件外侧端面开始向内切割,更好的方法是在工件上预制穿丝孔,再从孔开始加工,如图6-6(c)、(d)所示。如图6-6(a)、(b)切割时不钻穿丝孔,从外切入工件的第一边时使工件的内应力失去平衡而发生变形,在加工其他边时误差增大。最好的办法是采用图6-6(c)的方案,电极丝不是由坯件从外部切入,而是在预制的穿丝孔开始切割,这种方法所引起的变形最小。

③切割某些特殊形状的工件(如孔槽类工件)时可采用多次切割法,以减少变形,保证加工精度。如图6-7所示,第一次粗加工型孔时留0.1～0.5 mm的精加工余量,以补偿变形,第二次精加工要达到精度要求。

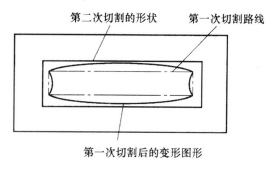

图6-7　孔槽类工件多次切割示意图

6.2.3　穿丝孔位置的确定

1. 切割凸模类零件

为避免切割时发生材料的变形而影响加工的精度,通常情况下需要在坯件内部预制穿丝孔,穿丝孔位置通常选在坯件内部外形附近[图6-6(c)、(d)]。

2. 切割凹模、孔类零件

此时可将穿丝孔位置选在待切割型腔(孔)内部。当穿丝孔位置选在待切割型腔(孔)边的右处时,切割过程中无用的轨迹最短;而穿丝孔位置选在已知坐标尺寸的交点处则有利于尺寸推算;切割孔类零件时,若将穿丝孔位置选在型孔中心可使编程操作容易。因此,要根据具体情况来选择穿线孔的位置。

3. 穿丝孔大小

穿丝孔的大小通常要根据材料的大小、加工工艺路线等确定。穿丝孔要适宜,一般不宜太小,否则,不但使钻孔难度增加,还会使穿丝困难。穿丝孔径也不宜太大,太大会增加钳工工艺上的难度。一般穿丝孔的直径为$\phi 3 \sim 10mm$。如果预制孔可用车削等方法加工,则穿丝孔径也可大些。

6.2.4　工件的装夹与找正

1. 工件的装夹

工件在装夹时,必须保证工件的切割部位处于机床工作台纵向、横向进给的允许范围之内。还需要考虑电极丝的运动空间。

选择夹具时,尽可能选用标准件,且便于装夹和协调工件及机床的尺寸关系。对于大型模具的加工要特别注意工件的定位方式,特别是在加工结束时工件容易变形或受重力的作用使电极丝夹紧,而影响工作。

(1)悬臂式装夹

如图 6-8 所示是悬臂方式装夹工件,这种装夹方式的特点是装夹方便、通用性强。但由于工件一端处于悬空状态,加工时容易引起切割表面与工件上下平面间的垂直度误差,所以悬臂式装夹适合于加工要求不高或悬臂较短的情况。

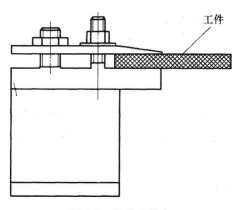

图 6-8　悬臂式装夹

(2)两端支撑方式装夹

如图 6-9 所示是两端支撑方式装夹工件,这种方式的优点是易于装夹、装夹稳定,工件的定位精度高,但不适合装夹较大的工件。

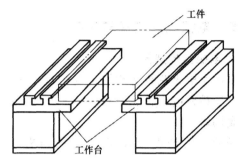

图 6-9　两端支撑方式装夹

（3）桥式支撑方式装夹

如图 6-10 所示是桥式支撑方式装夹,这种装夹方式的特点是在通用夹具上放置垫铁后再装夹工件。这种方式的优点是装夹方便,对加工工件的尺寸没有要求。

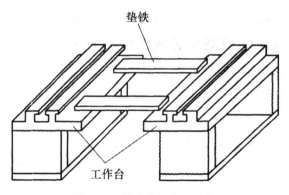

图 6-10　桥式支撑方式装夹

（4）板式支撑方式装夹

如图 6-11 所示是板式支撑方式装夹工件,板式支撑方式装夹的特点是采用有通孔的支撑板装夹工件。它的优点是装夹精度高,缺点是通用性差。

2. 工件的调整

选用一定的方法装夹工件后,还必须配合找正法进行调整,才能确保工件的定位基准面分别与机床的工作台台面和工作台的进给方向 X、Y 保持平行,使得所切割的表面与基准面之间的相对位置精度。常用的找正方法有：

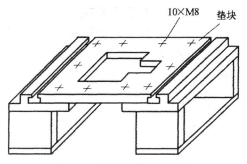

图 6-11　板式支撑方式装夹

（1）用百分表找正

如图 6-12 所示，用磁性表座将百分表固定在丝架或其他位置上，百分表的测量头与工件基面接触，往复移动工作台，按百分表指示值调整工件的位置，直至百分表指针的偏摆范围达到所要求的数值。找正应在相互垂直的三个方向上进行。

（2）划线法找正

工件的切割图形与定位基准之间的相互位置精度要求不高时，可采用划线法找正，如图 6-13 所示。使固定在丝架上的划针对准工件上画出的基准线，往复移动工作台，目测划针、基准间的偏离情况，将工件调整到正确位置。

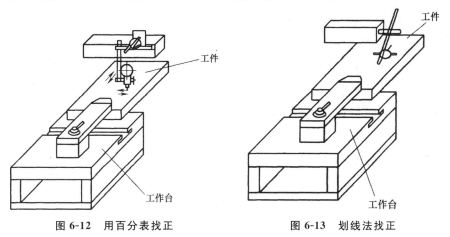

图 6-12　用百分表找正　　　　　　图 6-13　划线法找正

6.2.5　电极丝的选择与对刀

1. 电极丝的选择

慢走丝电火花线切割加工的电极丝材料主要有铜丝、黄铜丝、黄铜加铝和黄铜加锌等。在精密加工时,应提高电极丝的张力或选用张力较大的电极丝(钼丝或钨丝)。

目前,国产电极丝的最小丝径为 0.10mm,丝径误差一般在 $\pm 2\mu m$ 以内。国外生产的电极丝材料丝径可达 0.03mm,甚至 $0.01 \sim 0.003mm$。电极丝表面损坏或被氧化都不利于加工高精度的零件。所以,要保存好电极丝的包装膜,以减小电极丝遇空气而造成表面的氧化。加工前要检查电极丝的质量,出现下列情况必须进行电极丝垂直校正:改变导电块的切割位置或者更换导电块;有脏污时需用洗涤液清洗。必须注意的是:当变更导电块的位置或者更换导电块时,必须重新校正电极丝的垂直度,以保证加工工件的精度和表面质量。

2. 对刀

①自动对刀。控制器对刀操作后,用手摆动储丝筒使电极丝做上下移动。

②透光法。将机床灯光移到合适位置,看电极丝与工件表面间透过的光,以光线刚好被挡住为准。

③火花法。调小电流,打开切削液,电极丝移近工件,以刚好有火花产生为准。

6.2.6 脉冲参数的选择

选择正确的脉冲电源加工参数能提高工件的精度和加工的稳定性。零件加工的精细程度不同所选用的脉冲参数也不同,粗加工零件时选择较大的加工电流和大的脉冲参数,这样就提高了材料的去除率;精加工零件时选择较小的加工电流和小的单个脉冲能量,加工工件能获得较低的表面粗糙度值。脉冲宽度、峰值电流、加工幅值电压共同决定了单个脉冲能量,脉冲宽度是指脉冲放电时脉冲电流持续的时间,峰值电流是指放电加工时脉冲电流的峰值,加工幅值电压是指放电加工时脉冲电压的峰值。

表 6-1 为加工不同类型零件时的电规准,可供使用时参考。

注意,改变加工的电规准,必须切断脉冲电源输出(调整间隔电位器 RP1 除外),在加工过程中一般不应改变加工电规准,否则会造成加工表面粗糙度不一样。

表 6-1　加工不同类型零件的电规准

加工类型	脉冲宽度	电压幅值	加工电流	功率管
精加工	最小挡	低挡,75V 左右	0.8～1.2A	接通 1～2 个
最大材料去除率加工	脉冲宽度选择 4～5 挡	电压幅值选取"高"值,幅值电压为 100V 左右	加工电流控制在 4～4.5A	全部接通
大厚度工件加工(>300 mm)	脉冲宽度选 5～6 挡	幅值电压打至高挡		接通 4～5 个
较大厚度工件加工(60～100mm)		高挡	加工电流控制在 2.5～3A	接通 4 个左右
薄工件加工	脉冲宽度选第 1 挡或第 2 挡	幅值电压选低挡	加工电流调至 1A 左右	接通 2～3 个

6.3　数控电火花线切割编程

6.3.1　数控电火花线切割机床程序格式

我国数控电火花线切割机床编程常用的手工编程格式有 3B、4B 格式和 ISO 格式等。慢走丝线切割机床多采用 ISO 格式(G 代码),而快走丝线切割机床一般采用 3B、4B 格式。3B 是无间隙补偿程序格式,不具有电极丝半径和放电间隙的自动补偿功能;4B 是 3B 基础上发展而来的具有间隙补偿的格式。目前数控电火花机床大都应用计算机控制数控系统,采用 ISO 格式。

6.3.2　无间隙补偿 3B 格式编程

无间隙补偿 3B 格式线切割程序广泛应用于国产快走丝线切割机床,后来在 3B 格式的基础上发展出 4B 格式。4B 格式具有间隙补偿功能,但通用性不好,使用范围不广。3B 格式线切割程序只用增量坐标编程,编程容易,操作简单,针对性强,下面对 3B 格式编程作一介绍。

1. 3B 格式的程序段格式

3B 格式程序用来描述电极丝中心的运动轨迹,没有间隙补偿功能,但注意到线切割加工基本上不考虑电极丝损耗的影响,因此其补偿间隙值是固定的,其补偿后的运动轨迹可以借助计算机辅助编程得以实现。

3B 格式的程序段格式如下:

B	X	B	Y	B	J	G	Z
分隔符	X 坐标值	分隔符	Y 坐标值	分隔符	计数长度	计数方向	加工指令

①分隔符 B:因为 X、Y、Z 均为数字,故用分割符 B 将其分割开。B 后的数值为 0 时,此 0 可省略不写。

②坐标值 X 和 Y:都是绝对值,它表示直线的终点坐标或者圆心的坐标,单位为 μm,$1\mu m$ 以下四舍五入。

③计数长度 J:指被加工图形在计数方向上的投影长度(即绝对值)的总和,单位为 μm。对于跨象限的圆弧,机器能自动修改指令,不用分段编写程序,只需求出各段在计数方向上投影长度的总和。

④计数方向 G:是计数时选择作为投影的坐标轴方向,分为 GX、GY 两种,分别表示选取 X 坐标轴或选取 Y 坐标轴方向计数进给总长度。计数方向 G 的选择必须确保理论上不丢步。工作台在计数方向上每走一步($1\mu m$),计算机中计数器的计数累减 1,当累减到计数长度 $J=0$ 时,程序段加工完毕。

⑤加工指令 Z:表达被加工图形的形状、所在象限和加工方向等信息。其中,直线加工指令四个(L1～L4),顺、逆圆弧加工指令各四个(SR1～SR4 和 NR1～NR4)。

实际所要加工的工程图形主要是直线和圆弧,因此 3B 程序只编程直线和圆弧。

2. 直线编程指令

指令格式 BX BY BJ G Z;

其中,X、Y——以直线起点为坐标原点,X、Y 为该直线终点相对于起点的坐标分量值,且为绝对值,单位为 μm,即直线增量坐标的绝对值;

J——计数长度,是加工直线在计数方向坐标轴上投影的绝对值(即投影长度),单位为 μm;

G——计数方向,终点靠近何轴,则计数方向取该轴,终点在 45°线上时,计数方向取 X 轴、Y 轴均可,如图 6-14 所示,将坐标系以 45°线划分为两

个不同的区域,当直线终点落在阴影区域内时,取 Y 轴方向为计数方向,记作 GY;在阴影区域外时,取 X 轴方向为计数方向,记作 GX;当直线终点落在45°线上时,计数方向可任意选取为 GY 或 GX,亦可表述为当 $|X| \geqslant |Y|$ 时,计数方向取 GX;当 $|X| \leqslant |Y|$ 时,计数方向取 GY;

Z——加工直线时共有 L1、L2、L3、L4 四种加工指令,如图 6-15 所示,当直线在第 I 象限内＋X 轴上时,加工指令记作 L1,当直线在第 Ⅱ 象限内及＋Y 轴上时,加工指令记作 L2;当直线在第 Ⅲ 象限内及－X 轴上时,加工指令记作 L3;当直线在第 Ⅳ 象限内及－Y 轴上时,加工指令记作 L4。

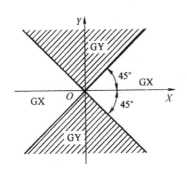

图 6-14　直线加工计数方向的确定　　图 6-15　直线加工指令的确定

注意:加工斜线时,X、Y 值仅用来表示斜线的斜率,故 X、Y 值可按相同的比例缩放。当加工直线段与轴线重合时,在编程时取 $X=Y=0$,可以省略。

例 6-1:B 17000 B5000 B17000 GX L1;

表示在第 1 象限切割一段直线,终点相对于起点增量坐标为 $X=17$ mm、$Y=5$ mm,在＋X 轴上的计数长度为 17mm。

例 6-2:B B B20000 GX L3;

表示沿－X 轴方向切割 20mm 的一段直线。

例 6-3:B1 B1 B30000 GY L2;

表示在第 Ⅱ 象限沿45°斜线方向($Y/X=1/1$)切割一段直线,其在＋Y 轴上的投影长度为 30mm。以下程序结果相同。

B2　　　B2　　　B30000 GY L2;

或　　B3000 B3000 B30000 GX L2;

例 6-4:切割一个边长 60mm 的等边三角形内腔,如图 6-16 所示,不考虑钼丝半径及放电间隙偏移量,按 $S \rightarrow A \rightarrow B \rightarrow C \rightarrow A \rightarrow S$ 轮廓路径编程。

①工艺分析:计算交点坐标,如图 6-17 所示。

②编写加工程序:如图 6-18 所示。

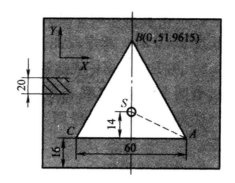

图 6-17　内三角形模板

B30	B14	B30000	GX L4;		$S{\rightarrow}A$
B30000	B51962	B51962	GY L2;		$A{\rightarrow}B$
B30000	B51962	B51962	GY L3;		$B{\rightarrow}C$
B	B	B60000	GX L1;		$C{\rightarrow}A$
B30	B14	B30000	GX L2;		$A{\rightarrow}S$
DD					停机码

图 6-18　编写加工程序图

3. 圆弧编程指令

指令格式：BX BY BJ G Z;

其中，X、Y——以圆弧的圆心为原点，X、Y 为圆弧起点相对圆心的坐标分量值，且为绝对值，单位为 μm，即圆弧起点相对于圆心的增量坐标的绝对值；

J——计数长度，是加工圆弧在计数方向坐标轴上投影的绝对值总和，即投影长度的总和；

G——计数方向，按终点位置确定，终点靠近何轴，则计数方向 G 取另一轴，如图 6-19 所示，加工圆弧时以该圆弧的圆心作为相对坐标系的原点，则圆弧终点落在阴影区域内时，取 X 轴方向为记数方向，记作 GX；当圆弧终点落在阴影区域外时，取 Y 轴方向为计数方向，记作 GY；而当圆弧终点落在45°线上时，计数方向可取 GX 或 GY，即当圆弧终点坐标 $|X| \leqslant |Y|$ 时，计数方向取 GX；当 $|X| \geqslant |Y|$ 时，则取 GY；

Z——加工指令，包括顺时针圆弧与逆时针圆弧加工指令共八种，如图 6-20 所示。加工顺时针圆弧时有四种加工指令：SR1、SR2、SR3、SR4。当加工圆弧的起点在第 I 象限内及 +Y 轴上，且按顺时针方向进行切割时，加工指令用 SR1；当起点在第Ⅱ象限内及－X 轴上时，加工指令用 SR2；加工指令 SR3、SR4，依此类推。

加工逆时针圆弧时也有四种加工指令：NR1、NR2、NR3、NR4。当加工圆弧的起点在第Ⅰ象限内及＋X 轴上，且按逆时针方向进行切割时，加工指令用 NR1；当起点在第Ⅱ象限内及＋Y 轴上时，加工指令用 NR2；加工指令 NR3、NR4，依此类推。

综合以上分析可见，圆弧的加工指令取决于起点位置，计数方向取决于终点位置，可阅读图 6-21 品味一下。

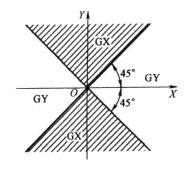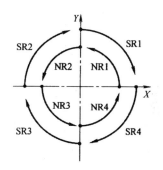

图 6-19　圆弧加工计数方向的确定　　　图 6-20　圆弧加工指令的确定

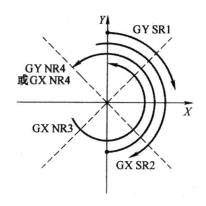

图 6-21　加工指令与计数方向的关系

例 6-5：如图 6-22 所示，圆弧半径 $R=50$mm，试编写 AB 和 BA 圆弧的加工程序。

首先，判断加工指令与计数方向，并计算计数总长度。然后编程，程序如下：

AB 段程序为

B30000 B40000 B130000 GY NR1；

其中，$J=J_{Y1}+J_{Y2}+J_{Y3}=10mm+100mm+20mm=130mm$

BA 段程序为

B40000 B30000 B170000 GX SR4；

其中，$J=J_{X1}+J_{X2}+J_{X3}+J_{X4}=40mm+50mm+50mm+30mm=170mm$。

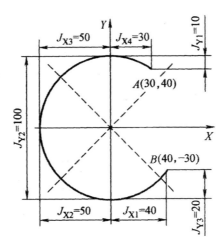

图 6-22　圆弧编程示例

例 6-6：切割一个含圆弧的凸模类零件，如图 6-23 所示，不考虑材料厚度、钼丝半径及放电间隙偏移量，按零件轮廓：

$S \rightarrow A \rightarrow B \rightarrow C \rightarrow D \rightarrow E \rightarrow F \rightarrow G \rightarrow H \rightarrow I \rightarrow A \rightarrow S$ 编程。

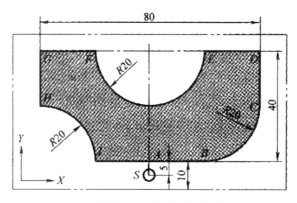

图 6-23　圆弧的凸模类零件

参考程序如图 6-24 所示。

N01B	0 B	5000 B	5000 GY L2;	$S \to A$
N02B	20000 B	0 B	20000 GX L1;	$A \to B$
N03B	0 B	20000 B	20000 GY NR4;	$B \to C$
N04B	0 B	20000 B	20000 GY L2;	$C \to D$
N05B	20000 B	0 B	20000 GX L3;	$D \to E$
N06B	20000 B	0 B	40000 GY SR4;	$E \to F$
N07B	20000 B	0 B	20000 GX L3;	$F \to G$
N08B	0 B	20000 B	20000 GY L4;	$G \to H$
N09B	0 B	20000 B	20000 GY SR1;	$H \to I$
N10B	20000 B	0 B	20000 GX L1;	$I \to A$
N11B	0 B	5000 B	5000 GY L4;	$A \to S$
N12DD				停机码

图 6-24　零件的加工编程

注:以上程序中程序段 N01、N02、N04、N05、N07、N08、N10、N11 为与坐标轴重合的直线,其坐标 BXBY 的 X、Y 值可全写 0 或不写,即 B0B0 或 BB。

3B 格式线切割程序不具备补偿功能,若要考虑电极丝的偏移量 f,则其编程轨迹相关几何参数的计算变得较为复杂,因此若要考虑加工轨迹的补偿,除了采用 4B 格式外,更多的是借助计算机辅助编程和相关 CAD/CAM 软件编程。

6.4　数控电火花线切割机床操作面板的说明及基本操作

6.4.1　操作面板

DK7725d 型线切割机床控制面板如图 6-25 所示,主要由输入键盘、显示窗口、开关按钮等组成。控制面板的主要功能有:工作状态转换键<GOOD>、磁带、纸带信息输入键<INPUT>、输入切割加工程序键<EDIT>、存储单元检查键<DISPLAY>、输入切割加工程序增量键<EOB>、磁带、纸带信息输出键<OUTPUT>、退格键<CE>、复位键<RESET>、检查下一个存储单元键<NEXTSTEP>、执行键<EXEC>和程序输入结束键<FINISH>。

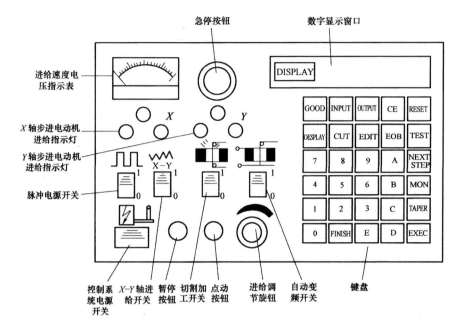

图 6-25　控制面板及功能键

6.4.2　基本操作

1. 程序的输入及编辑操作

程序输入的方式有四种输入方式,分别为键盘、纸带、磁带和自动编程机。下面主要介绍键盘输入方式。DK7725d 型线切割机床执行编写完整的程序,最多可输入 2860 段程序。将已编写好的程序单按顺序通过键盘逐段输入,输入程序的具体操作如下:

①在 GOOD 状态下,按＜EDIT＞键,显示"P"。

②输入 4 位程序段号,显示为"P××××"。

③输入第一段 3B 格式程序内容。

④按键,继续输入下一段程序(段号自动加 1),直到全部程序输完。

⑤输入完最后一段程序的加工指令后接着按一下＜2＞键,显示为"×××E"。

⑥按＜FINISH＞键,显示"GOOD"。

如果在程序输入过程中,输入了错误的数据或多输入了"B",按清除键＜CE＞可清除数据,然后再输入正确的数据。如果某段程序执行完后不要继续执行下一段程序,可根据需要在这段加工指令后加入指令特征"1",系

统执行完该段程序后会暂停。如果暂停之后还要继续加工，可按
<CUT>键。程序最后一段必须送入指令特征"2"，表示全部程序结束，如
果不输入程序结束符，将会自动运行内存中保存的其他程序。

2. 程序的检索

若要对程序检查、修改、删除和插入等编辑性工作，就需要启动检索程
序进行检索操作。具体方法如下：

①按<RESET>复位键，显示"--"。

②按<GOOD>键，显示"GOOD"。

③按<EDIT>键，显示"P"。

④输入需检索的程序段号，显示"P××××"。

⑤连续按<DISPLAY>键，按顺序显示 X 值、Y 值、J 值，计数方向、加
工指令和指令特征，接着显示下一段程序段号，重复操作可继续显示内容。

⑥按<FINISH>键，结束检查。

在检查的过程中要及时发现问题，并进行修改、删除和插入等操作。

3. 程序的修改

检查过程中发现某段程序错误，则需要进行修改操作：

①按<RESET>复位键，显示"--"。

②按<GOOD>键，显示"GOOD"。

③按<EDIT>键，显示"P"。

④输入需修改的程序段号，显示"P××××"。

⑤重新输入正确的程序。

⑥按键（显示下一段程序号）。

⑦按<FINISH>键，结束修改。

4. 程序的删除

删除的操作方法与修改的方法类似，输入需要删除的程序段号后显示
"P××××"，按<D>键即可。完成删除操作后，其后的程序段号都会
减 1。

5. 程序的插入

插入程序需要依次按下<RESET>、<GOOD>和<EDIT>键后，输
入所要插入的程序段号，然后按下<E>键。输入需要插入的程序段内容，
按<EOB>键（显示下一段程序号），直至插入程序完成时按<FINISH>

键结束操作。

6.4.3 加工步骤

1. 加工程序的执行

完成初始化设置和程序输入后就可以进行加工程序的执行和切割加工,操作方法如下:在 GOOD 状态下,如果要从首段开始执行,则需要按<CUT>键;如果要从中间某段开始执行,则需要输入初始程序段号,按<EDIT>键和四位程序段号数值键,再顺序按<FINISH>和<CUT>键。

如果某段程序后面有暂停符"1",则系统执行完该段程序以后进入暂停状态,如果还要继续加工则需要再次按下<CUT>键。

2. 放电加工操作

电火花切割机床切割加工时,加工程序的运行必须同控制面板开关、机床电器操作面板按钮和脉冲电源面板开关相互配合。

将控制面板上 X-Y 进给开关、自动变频开关、脉冲电源开关和切割加工开关拨至"1"位置,按下机床电器操作面板(图 6-26)上的走丝电动机起动按钮和工作液泵起动按钮,将脉冲电源开关旋至"1"位置,即可开始放电加工。调节控制面板上的进给调节旋钮,使放电进给过程稳定。

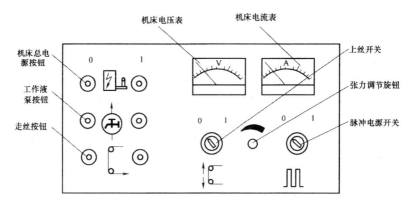

图 6-26 机床电器操作面板

加工过程中,必须在不中断加工的情况下检查工作状态,分别按控制面板上的<O>~<5)、<7>数字键和<F>键,可显示 X 坐标即时值、Y 坐标即时值、J 计数长度即时值、F 偏差值、计数方向、加工指令和加工特征、电极丝偏移量和偏移特征,以及加工程序段号等。

3. 点动的操作方法

①将控制面板上的切割加工开关拨至"0"位置,关掉变频。

②按控制面板上的点动按钮,每按一步进电动机根据运算结果相应地运行一步。

4. 脉冲电源参数的选择

脉冲电源的参数选择影响切割速度、表面粗糙度、尺寸精度、加工表面的状况和线电极的损耗等,因此选用合理的参数将提高加工的效率。

（1）脉冲波形的选择

脉冲电源的脉冲波形有矩形脉冲和分组脉冲两种,根据加工的实际要求选择不同的脉冲波形。对于表面粗糙度要求特别高的材料应选用分组脉冲,以保证精加工时电极丝损耗较小。如果要获得较高的切割速度则选用矩形脉冲。

（2）脉冲宽度的选择

加工工件时选择合适的脉冲宽度十分重要,如需要较高的切割效率则需要较宽的脉冲宽度,但是加工的表面粗糙度会降低。较小的脉冲宽度能提高表面粗糙度,但由于放电间隙较小,加工稳定性较差。一般要求脉冲宽度小于 $60\mu s$。表面粗糙度与脉冲宽度的关系见表 6-2。

表 6-2　表面粗糙度与脉冲宽度 t_i 的关系

$R_a/\mu m$	2.0	2.5	3.2	4.0
$t_i/\mu s$	5	10	20	40

（3）脉冲间隔的选择

较小的脉冲间隔相当于提高了脉冲频率,增加单位时间内的放电次数,加快了切割速度。但加工排屑不充分,使加工间隙的绝缘度来不及恢复。较大的脉冲间隔有利于排屑、防止断丝,但减小了单位时间的放电次数,降低了切割速率。一般要求脉冲间隔与工件厚度成正比。工件厚度（H）与脉冲间隔（t_0）的关系见表 6-3。

表 6-3　工件厚度（H）与脉冲间隔（t_0）的关系

H/mm	10～40	50	60	70	80～100
t_0/t_i	4	5	6	7	8

6.5 数控电火花线切割机床操作的技巧与注意事项

数控电火花切割机床在操作时常出现一些故障，以及工件加工时所要注意的事项。

1. 断丝故障分析及排除方法

断丝是线切割的主要故障之一，引起断丝的原因很多，表 6-4 根据断丝的时间顺序分别说明了断丝的原因和预防措施。

表 6-4 断丝的原因和分析

断丝时间	产生原因	排除措施
开始切割时断丝	①开始切入速度太快或电流过大	①刚开始切入，速度不应过快，应缓慢加速
	②工作液没有正常喷出	②检查工作液是否正常喷出
	③钼丝在储丝筒上缠绕过松	③尽量绷紧钼丝
	④导轮及轴承已磨损或导轮轴向及径向跳动大，造成抖丝过大	④更换导轮或轴承
	⑤线架尾部挡丝棒没调整好	⑤检查钼丝在挡丝棒位置是否接触或靠向里侧
	⑥工件表面有毛刺、氧化皮或锐边	⑥清除工件表面的毛刺、氧化皮和锐边等
切割过程中断丝	①储丝筒换向时断丝的主要原因是，储丝筒换向时没有切断高频电源，致使钼丝烧断	①排除储丝筒换向不切断高频脉冲电源的故障
	②工件材料热处理不均匀，造成工件变形，夹断钼丝	②工件材料要求材质均匀，并经适当热处理，使切割时不易变形，且切割效率高，不易断丝
	③脉冲电源电参数选择不当	③合理选择脉冲电源电参数
	④工作液使用不当，太稀或太脏，以及工作液流量太小	④经常保持工作液的清洁，合理配制工作液
	⑤导电块或挡丝棒与钼丝接触不好，或已被钼丝割成凹痕，造成卡丝	⑤调整导电块或挡丝棒位置，必要时可更换导电块或挡丝棒
	⑥钼丝质量不好或已霉变发脆	⑥更换钼丝，切割较厚工件要使用较粗的钼丝加工

2. 其他一些断丝故障

①导轮转动不灵活,钼丝与导轮间的摩擦力将钼丝拉断,需要重新调整导轮;电极丝受损后,加工过程中也容易断丝;紧丝时必须使用专用工具紧丝轮,不可使用不恰当的工具。

②在工件接近切完时断丝。这主要是由于加工工件的变形所导致的,解决办法是选用合适的材料和正确的切割路线,最大限度地减小变形。

③工件切割完时跌落造成电极丝撞断。一般切割结束时用磁铁把工件吸住。

④空运转时断丝,主要是由于钼丝的叠丝、储丝筒转动不灵活、钼丝跳出导轮槽等因素导致。

3. 常见的短路原因

①导轮和导电块上电蚀物堆积严重未能及时清洗。

②工件变形造成的切缝变窄,使切削无法及时排出。

③工作液浓度过高造成排屑不畅。

④加工参数选择不当造成短路。

4. 加工工件精度较差

①线架导轮径向跳动或轴向窜动较大,应测量导轮跳动及窜动误差(允差轴向 0.005mm,径向 0.002mm),如不符合要求,需调整或更换导轮及轴承。

②对滑动丝杠螺母副,应调整并消除丝杠与螺母之间的间隙。

③齿轮啮合存在间隙,须调整步进电动机位置和调整弹簧消隙齿轮错齿量,以消除齿轮啮合间隙。

④步进电动机静态力矩太小,造成失步。须检查步进电动机及 24V 驱动电压是否正常。

⑤加工工件因材料热处理不当造成的变形误差。

5. 加工工件表面粗糙度值大

①导轮窜动大或钼丝上、下导轮不对中,需要重新调整导轮,消除窜动并使钼丝处于上、下导轮槽中间位置。

②喷水嘴中有切削物嵌入,应及时清理。

6. 机床的维护保养

线切割机床的维护和保养直接影响到机床的切割工艺性能,和一般机床比较线切割机床的维护和保养尤为重要。机床必须经常润滑、清理和维护,这是保证机床寿命、精度和提高生产率的必要条件。

6.6 数控电火花线切割加工实例

如图 6-27 所示,是某一零件的连接件,工件材料 45 钢,工件毛坯尺寸为 120mm×50mm×40mm。

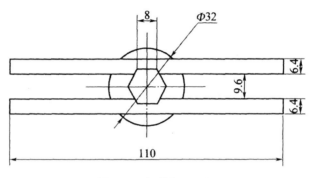

图 6-27 零件加工实例

(1)确定加工方案

待加工工件是一内外轮廓都需要加工的零件,因为工件的尺寸很小且棱角较多,用数控铣床的加工方法难以实现,最后确定采用快走丝线切割加工机床进行加工。加工前需要预制穿丝孔。选择底平面为定位基准,装夹方式采用桥式装夹将工件横搭于夹具悬梁上并让出加工部位,找正后用压板压紧。加工顺序为先切内孔再进行外轮廓切割。

(2)确定穿丝孔位置与加工路线

穿丝孔位置亦即加工起点,如图 6-28 所示,内孔加工以 $\Phi 8mm$ 工艺孔中心 O_1 为穿丝孔位置,外轮廓加工的加工起点设在毛坯左侧 X 轴上 O_2 处,$O_1O_2 = 63mm$,加工路线如图中所标。

(3)确定补偿量 F

选用钼丝直径为 $\Phi 0.18mm$,单边放电间隙为 $0.01mm$,则补偿量:

$$F = 0.18/2 + 0.01 = 0.10mm$$

按图中所标加工路线方向,内孔与外轮廓加工均采用右补偿指令 G42。

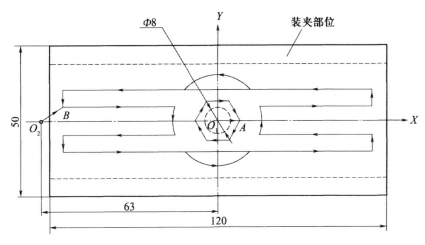

图 6-28　零件加工方案

（4）程序编制

内孔加工：以工艺孔中心 O_1 点为工件坐标系零点，O_1A 为进刀线（退刀线与其重合），顺时针方向切割。

外形加工：以加工起点 O_2 为工件坐标系零点，O_2B 为进刀线（退刀线与其重合），逆时针方向切割。

该零件的加工程序可分别编制，也可以按跳步加工编制。分别编制即分别编制内孔与外形的加工程序，先装入内孔加工程序，待加工完后，抽丝，X 坐标移动 -63mm，穿丝后再装入外形加工程序继续加工；跳步加工即把内孔与外形加工程序作为两个子程序由主程序调用一次加工完成。

加工程序可通过 CAM 自动编程方法获得，过程略。参考程序（ISO）如表 6-5 所示：

表 6-5

程序	说明
主程序：(ZHU：ISO)	
G90	绝对坐标
G54	选择工件坐标系 1
M96 D：NEI.	调内孔加工子程序 D：\\NEI. ISO
M00	暂停，抽丝
G00 X-63000 Y0	快速移动至外形加工起点 O_2
M00	暂停，穿丝
M96 D：WAI.	调外形加工子程序 D：\WAI. ISO

续表

程序	说明
M97	子程序调用结束
M02	程序结束
子程序1：(NEI. ISO)	
G92 X0 Y0	建立工件坐标系
G42 D100	右补偿
G01 X8000 Y0	进刀线
G01 X4000 Y-6928	
G01 X-4000 Y-6928	
G01 X-8000 Y0	
G01 X-4000 Y6928	
G01 X4000 Y6928	
G01 X8000 Y0	
G40	取消补偿
G01 X0 Y0	退刀线
M02	
子程序2：(WAI. ISO)	
G55	选择工件坐标系2
G92 X0 Y0	建立工件坐标系
G42 D100	右补偿
G01 X8000 Y4800	进刀线
G01 X47737 Y4800	
G03 X47737 Y-4800 115263 J-4800	
G01 X8000 Y-4800	
G01 X8000 Y-11200	
G01 X1574 Y-11200	
G03 X74426 Y-11200 111426 J11200	
G01 X118000 Y-11200	
G01 X118000 Y-4800	
G01 X78263 Y-4800	
G03 X78263 Y4800I-15263 J4800	

程序	说明
G01 X11 8000 Y4800	
G01 X118000 Y11200	
G01 X74426 Y11200	
G03 X51574 Y11200 I-11426 J-11200	
G01 X8000 Y11200	
G01 X8000 Y4800	
G40	取消补偿
C01 X0 Y0	退刀线
M02	

第7章 其他现代数控特种加工技术的发展

随着科学技术的发展,涌现了许多现代数控技术,这些技术适应现代机械产品的"高、精、尖、细"的需要,可提高机械产品生产效率和加工质量。本章主要介绍特种加工、超声加工、激光加工、电火花成型加工以及复合加工,有助于了解掌握其他现代加工的种类、特点以及加工方法的选择。

7.1 特种加工概述

7.1.1 特种加工的概念

特种加工是指将电能、热能、化学能、声能、光能、电化学能等能量特殊机械能施加在工件的被加工部位,从而达到材料被去除、变形、改性或表面处理等目的的非传统加工方法。

近年来,我国加大了对制造新技术研发的投入,在很大程度上促进特种加工技术的发展。特种加工技术向工程化和产业化方向的发展,使得大功率、高可靠性、多功能、智能化的加工设备成为研发重点。因此,可以发展特种加工技术逐渐替代传统的加工技术。

特种加工技术可以解决那些仅仅依靠传统的切削加工方法很难实现的工艺问题,如图 7-1 所示。

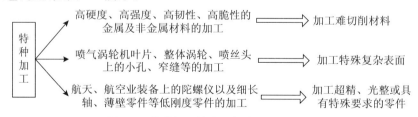

图 7-1 特种加工技术可解决的工艺问题

7.1.2　特种加工的特点

1. 不用机械能

特种加工利用热能、化学能以及电化学能等,与工件的硬度、强度等机械能无关。

2. 微细加工

特种加工对于加工余量的去除大都是微细进行,故不但可以加工尺寸微小的孔或狭缝以及细长件、弹性元件等柔性零件,还能获得高精度、极低粗糙度的加工表面。

3. 非接触加工

在特种加工的过程中,工具与工件之间不存在明显的机械切削力。因此,工件不承受大的作用力,工具硬度可低于工件硬度,故使刚度极低元件及弹性元件得以加工。

4. 多功能加工

采用简单的进给运动,可以加工出复杂型面的工件。

根据上述特点,理论上特种加工可以加工任何强度、硬度、韧性、脆性的金属或非金属材料,特别是加工复杂、微细表面和低刚度零件。

7.1.3　特种加工方法的分类

对于特种加工方法的分类还没有明确规定,比较清晰的分类方法是按照加工成型的原理和特点来分类,可以分为去除加工、增料加工、变形加工、表面加工四大类。

1. 去除加工

去除加工是去除工件上多余的材料。如电火花成型加工、电解加工、电子束加工、激光加工、超声加工等。

2. 增料加工

增料加工是将不同的材料结合在一起。此种结合又可分为附着加工、注入(渗入)加工、连接加工三种。

①附着加工是在工件表面覆盖一层物质,以达到加工的目的,例如电镀、气相沉积等。

②注入加工是在工件的表面注入某些元素,使之与工件基体材料产生物化反应,以改变工件表层的力学性质,从而达到加工的目的。例如,氧化、氮化、活性化学反应;晶体生长、分子束外延、掺杂、渗碳、烧结;离子束外延以及离子注入等。

③连接加工是将两种相同或不同的材料通过物化的方法连接在一起。例如,激光焊接、快速成型加工、卷绕成型以及化学黏接等。

3. 变形加工

变形加工是改变工件形状、尺寸以及性能的加工。例如,利用气体火焰、高频电流、电子束、激光的塑性流动加工,利用注塑、压铸的液体流动加工以及晶体定向加工。

4. 表面加工

表面加工是采用一定的能量和手段在工件的外形及体积都不发生变化的情况下,改变工件表面的加工。

7.1.4   特种加工方法的选择

目前较为常见的特种加工方法主要是超声加工技术、激光加工技术、电火花成型加工技术、快速成型技术以及微细加工技术。具体到每个产品应选择哪种加工方法,需要根据工件的不同特点,并结合其生产率及生产成本来做出正确的选择。

超声加工技术适用于加工精度 $0.03\sim0.005$mm,表面粗糙度 $R_a=0.63\sim0.08\mu$m 的任何硬脆金属和非金属,型孔、型腔均可。

激光加工技术适用于加工精度 $0.01\sim0.001$mm,表面粗糙度 $R_a=10\sim1.25\mu$m 的任何材料,打孔、切割、焊接、热处理均可。

电解加工适用于加工精度 $0.1\sim0.01$mm,表面粗糙度 $R_a=1.25\sim0.16\mu$m 的导电金属,型孔、型面、型腔均可。

电铸加工适用于加工表面粗糙度 $R_a\leqslant0.1\mu$m 的金属成型小零件。

7.1.5   特种加工的意义

①使用特种加工可以节省用具设计制造的时间及费用。

②改变零件的工艺路线。

③可重新衡量零件结构的工艺性评价标准。

④提高材料的可加工性。

⑤重新认识传统意义上的不可修复废品。

7.2　超声加工技术

超声加工技术是利用声能对材料进行加工的特种加工方法,超声波是频率为 $2 \times 10^4 \sim 10^8 \, Hz$ 的波。超声振动的工具通过有磨料的液体介质中或干磨料中产生磨料的冲击、抛磨、液压冲击去除材料的多余部分,或在工具、工件上沿一定方向施加超声频振动来进行振动加工,也可利用超声频振动使得若干个工件实现相互结合。

7.2.1　超声加工的原理

超声加工是利用高频振动的工具头进行加工的,它的振幅不大,一般在 $0.01 \sim 0.1 \, mm$ 之间。加工时在切削区域中加入液体与磨料混合的悬浮液,并在工具头的振动方向上施加压力,如图 7-2 所示。

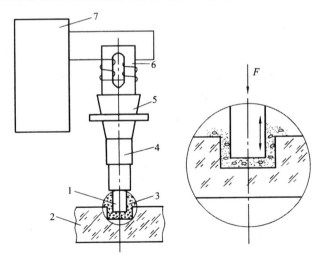

图 7-2　超声波加工原理

1—工具;2—工件;3—磨料悬浮液;4,5—变幅杆;

6—换能器;7—超声波发生器

当工件、悬浮液和工具头紧密相靠时,悬浮液中的悬浮磨粒将在工具头的超声振动作用下以很大的速度和加速度不断冲击、琢磨加工工件的表面,使工件材料发生破坏,形成粉末被打击下来。与此同时,悬浮液受工具端部的超声振动作用产生液压冲击和空化现象,促使液体钻入被加工材料的隙裂处,从而加速了机械破坏作用的效果。由于空化现象,在工件表面形成的液体空腔,在闭合时所引起的极强的液压冲击,加速了工件表面的破坏,也促使悬浮液循环,使变钝的磨粒及时得到更换。

7.2.2 超声加工的特点

1. 适合加工各种硬脆材料

既可以加工玻璃、陶瓷、人造宝石、半导体材料,如锗、硅等非金属硬脆不导电材料,又可以加工高韧性的合金、淬火钢、硬质合金、不锈钢等硬质或耐热导电的金属材料。

2. 加工精度高

尺寸精度可达 $0.03\sim0.005$mm,表面粗糙度仅为 $R_a=0.63\sim0.08\mu$m,被加工的工件面无组织改变,无残余应力。

3. 工具简单

工具可用较软的材料做成较复杂的形状,且工具和工件只作比较简单的相对运动。基于此,超声加工机床具有操作方便、结构简单以及易于维护的特性,加工成本低。

4. 加工效率低

与电解加工、电火花加工比较,超声加工的工作效率低。

5. 基础性高

超声加工可作为基础加工方法,与其他多种加工方法结合应用。

7.2.3 超声加工的应用

1. 型孔、型腔加工

超声加工可用于加工各种型孔、型腔,如图 7-3 所示。而目前生产的一些模具,如拉涂模、拉丝模等,大多数是合金工具钢(如 CrWMn、5CrNiTi、Cr12、Cr12MoV),若改用硬质合金以超声加工(电火花加工常有裂纹),则模具寿命可提高 80～100 倍。

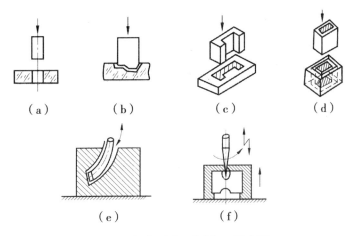

$$(a) \qquad (b) \qquad (c) \qquad (d)$$

$$(e) \qquad (f)$$

图 7-3 超声型孔、型腔加工示意图
(a)加工圆孔;(b)加工型腔;(c)加工异形孔;(d)套料加工;
(e)加工弯曲孔;(f)加工微细孔

2. 清洗

超声清洗是一种高效和高生产率的清洗方法。在清洗金属件时可采用水基清洗剂、氯化烃类熔剂或非油熔剂等。清洗后可得到高清洁度工件。由于工件必须安置于清洗槽中,故仅适用于中小工件,且适于精清洗,即在超声清洗前,工件用其他方法已清洗过。

超声清洗特别适用于几何形状复杂的工件,尤其是工件上有深孔、小孔、弯孔、盲孔、凹槽等。

超声清洗的原理是利用超声振动在液体中产生的交变冲击波和空化作用。在进行超声清洗时,应合理地选择工作频率和声压强度以产生良好的空化效应,从而提高清洗效果。此外,清洗液的温度不可过高,以防止空化效应的减弱,影响清洗效果。

3. 超声切削

随着科学技术的发展,许多领域都采用耐热钢、钛合金、高温合金、不锈钢、冷热铸铁和工程陶瓷等材料,这些材料具有良好的耐热性、耐蚀性,高的比强度,优异的常温和高温力学性能。因此,采用传统的切削方法是很困难的,甚至无法进行切削。采用超声与机械加工相结合的方法,则事半功倍,并可延长刀具寿命,提高加工速度和加工精度,改善表面质量。

超声加工不仅应用于难以加工的材料,而且也可用于难以完成的薄壁件或细长杆件。如图 7-4 所示为超声切削单晶硅片示意图,如图 7-5 所示为超声切削所用的刀具。

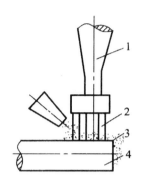

图 7-4　超声切削单晶硅片示意图

1—变幅杆;2—工具;

3—磨料液;4—工件(单晶硅)

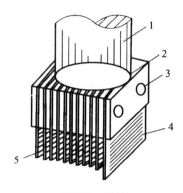

图 7-5　刀具

1—变幅杆;2—焊缝;3—铆钉;

4—导向片;5—软钢刀片

4. 超声电解加工

超声电解加工是指辅以超声振动的复合电解加工,主要有超声电解复合加工和超声电解复合抛光。采用超声电解复合加工,不但可降低工具损耗,还可以提高加工速度。

5. 超声电镀

将超声振动引入电镀电解质溶液中,不仅会产生空化、声流、声毛细管等效应,还会使电镀槽两极上扩散层的厚度减小,从而加快新电解质到达电极表面的速度,强化阳极过程和阴极过程。经过这一阶段,电解质溶液的电流密度明显提高,气孔减少,微硬度增加并使晶粒变细而光泽好,达到改善镀层均匀性,增加电镀速率的目的。

实践证明,超声镀镍可以提高沉积速度 15 倍,镀铬为 4 倍,镀银为 14 倍,镀镉为 26 倍以上,而且还可以在难镀的电解质表面,如槽沟、小孔等的表面镀上一层保护层。

6. 超声焊接

超声焊接是通过超声振动实现固体焊件黏接的一种工艺方法。其利用超声频振动作用,去除工件表面的氧化膜,使新的本体表面显露出来,并在两个被焊工件表面分子的高速振动撞击下,经摩擦发热黏接在一起。超声焊接具有以下几方面的特点。

(1)适用材料广泛

可焊接金属,也可焊接非金属,还可以在陶瓷等非金属表面上挂钨、挂银,尤其特别适用于其他焊接技术很难焊接或不能焊接的材料。

(2)无须焊前清理及焊后处理

(3)焊接过程易于实现自动化

(4)无须通风设备

因为焊接时,无须其他气体、焊条、焊剂和钎焊料等,故无须通风排尘设备。

(5)焊接热影响区极小

没有电流穿过焊接区,无电弧或火花污染,焊接时压力也小,可对直径很小的细丝及厚度很小的薄箔进行焊接。

(6)易于实现异类金属之间的焊接

超声焊接可用于焊接尼龙、塑料及表面易生成氧化膜的铝制品,还可以在陶瓷等非金属表面挂锡、挂银、涂覆熔化的金属薄层。

7. 复合加工

近年来,超声加工与其他加工方法相结合进行的复合加工发展迅速,如用超声振动切削难加工材料、超声电解加工、超声电火花加工以及超声调制激光打孔等。这些复合加工方法将两种甚至多种加工方法结合起来,使得加工效率、加工精度及加工表面质量显著提高。

此外,超声加工技术还可以应用在许多领域,如表面光整加工(抛光、桁磨、压光);超声处理(乳化、搪锡、粉碎、雾化、凝聚、除气、淬火等);金属塑性加工(拉丝、拉管、挤压等)。随着科学技术的不断发展,其应用范围也将会越来越广泛。

7.3　数控激光加工技术

利用材料在激光照射下瞬时急剧熔化和汽化,产生强烈的冲击波,使熔化物质爆炸式的喷溅和去除以实现激光加工。

激光首次出现于 1960 年,之后激光就被广泛应用于工业、农业、医学等行业及科学研究中,而激光加工技术则是激光应用中的一个十分重要而又最具活力的方面。

激光加工是利用高强度、高亮度、方向性好、单色性好的相干光通过一系列的光学系统聚焦成平行度很高的微细光束(直径几微米至几十微米),获得极高的能量密度和 10 000℃ 以上的高温,使材料在千分之几秒甚至更短的时间内熔化甚至气化,以达到去除材料的目的。

7.3.1 激光产生的原理

任何物质都是由原子构成的,原子由原子核和绕核电子组成。原子的内能等于电子绕核运动的动能和电子与原子核间相互吸引的位能之和。按照量子力学的观点,核外电子只能处在某些能量不连续的能级轨道上,其中能量最低的一个叫基态,如图 7-6 所示。处于较高能态的原子一般是不大稳定的,它总是试图回到能量较低的能态上。原子从能级较高的能态跃迁到能级较低的能态时,常会以光子的形式辐射出光能量,放出光子的能量等于两能级之差,相应的光子的频率也由两能级之差决定。

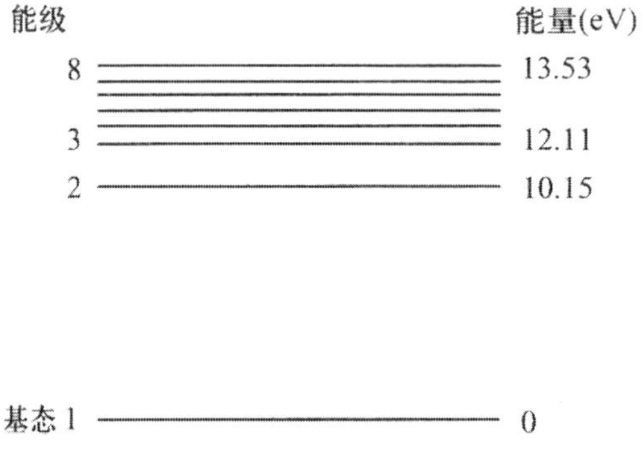

能级		能量(eV)
8	≡≡≡≡≡≡≡	13.53
3	—————————	12.11
2	—————————	10.15
基态 1	—————————	0

图 7-6　氢原子能级图

假定激光是由一大群光子组成,被束缚在一个封闭的黑屋,即谐振腔,如图 7-7 所示,由于"暗无天日",个个想早日逃离黑屋,因而发生碰撞。如果此时四周都打开大门敞开放行,那么由于分流效应,各个方向均有光,光的强度不会很高,方向性也不会很好,这就是我们所说的自发辐射。假如我们只打开一小扇门,那么里面的光子们就会"夺路而出",因而就会在此方向上出现一长串排列整齐的光子,这样就会形成定向的光束。如果源源不断地向屋内补充光子的话(即外界不断泵浦激励),那么就会发生连续不断的激光。

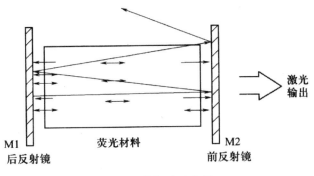

M1　　　　　　荧光材料　　　　　**M2**
后反射镜　　　　　　　　　　　　前反射镜

图 7-7　谐振腔示意图

7.3.2　激光加工的原理

激光加工是以激光为热源对工件材料进行的热加工。其加工过程如图 7-8 所示。

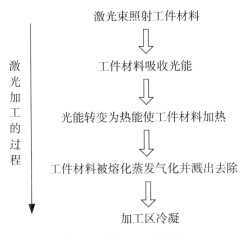

图 7-8　激光加工的过程

1. 光能的吸收及其能量转化

激光束照射工件材料表面时，光的辐射能一部分被反射，另一部分在被吸收的同时对材料加热，还有一部分因热传导而损失。

2. 工件材料的加热

对工件材料的加热就是光能转换成热能的过程。激光束在很薄的金属表层内被吸收,使得金属中的自由电子的热运动能增加,并在与晶格碰撞中的极短时间内将电子的能量转化为晶格的热振动能,从而引起工件材料温度的升高。同时,按照热传导规律向周围或内部传播,以达到改变工件材料表面或内部各加热点温度的目的。

3. 工件材料的熔化气化及去除

只有在足够功率密度的激光束照射下,工件材料表面的温度才能达到熔化、气化的温度,从而使工件材料发生气化蒸发或熔融溅出,最终达到材料去除的目的。

当激光功率密度过高时,工件材料可以在表面上发生气化,不在深处熔化;当激光功率密度过低时,能量就会扩散分布,致使焦点处的熔化深度很小。因此,要想满足不同激光束加工的要求,必须合理地选择相应的激光功率密度和作用时间。

4. 工件加工区的冷凝

在激光辐射作用停止后,工件加工区材料便开始冷凝,其表层将发生一系列变化,形成特殊性能的新表面层。新表面层的性能取决于加工要求、工件材料、激光性能等复杂因素。

激光束加工工件表面所受的热影响区很小,在薄材上加工,气化是瞬时的,熔化则很少,对新表面层的金相组织没有显著影响。

7.3.3 激光加工的工艺及特点

1. 激光加工的工艺

激光加工的工艺包括激光切割、激光焊接及激光热处理三种,这三种激光加工工艺都是利用激光束的高能量密度来实现的。

激光焊接是将高能量密度的激光束直接辐射到材料表面,通过激光与材料的相互作用,使材料局部熔化,以达到焊接的目的。激光焊接的主要优点是熔深度大,焊接速度高,焊缝的深宽比较大,热影响区小,变形小,可实现异种材料间焊接,且易于实现自动化。

激光热处理是将激光束直接辐照到材料表面,使其达到相变温度,并通过材料自身的冷却能力快速冷却,从而实现材料的相变硬化。其工艺特点是加热速度快,冷却速度快,组织细,硬度高,零件变形小,易于实现自动控制。

2. 激光加工的特点

（1）加工效率高

在激光加工过程中，激光束能量密度高，加工速度快，对非激光照射部位没有影响或影响极小，因此，其热影响区小，工件变形小，后续加工量小，不影响基体材料的性能。

（2）无接触加工

可以实现多种加工的目的，且加工速度快、无噪声、对工件不污染。

（3）适用范围广

激光加工的功率密度高达$10^8 \sim 10^{10}$ W/cm^2，几乎可熔化、气化任何材料。可以对多种金属、非金属进行加工，特别是普通方法难以加工的高硬度、高脆性及高熔点材料。

（4）穿透性强

可以通过透明的介质对密闭容器内的工件进行各种加工。

（5）基础性强

由于激光束易于导向、聚集和发散，可以任意改变光束的方向，所以极易构成各种加工系统，从而对复杂工件进行加工。

（6）环保性强

激光加工不但生产效率高，加工质量稳定可靠，而且无公害、绿色环保。

7.3.4　激光加工的应用

1. 激光切割

激光切割以其切割范围广、切割速度快、切缝窄、切割质量好、热影响区小、加工柔性大等特点在现代工业中得到了极为广泛的应用。激光切割的原理如图 7-9 所示。

（1）非金属材料的激光切割

激光可切割木材、塑料、橡胶、纸、纤维与布料、陶瓷、石英、玻璃。

（2）金属材料的激光切割

激光可切割碳钢、不锈钢、合金钢、铝及其合金、钛及其合金等。

（3）其他特种材料的激光切割

对于具有高硬度、高熔点的碳化钨及碳化钛等硬质合金，采用激光切割，不但能提高生产率（相对电火花切割），而且还可以提高切边的硬度。

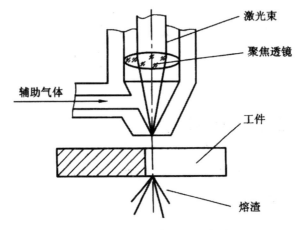

图 7-9　激光切割原理示意图

2. 激光焊接

激光焊接是用激光束将被焊金属加热至熔化温度以上熔合而成焊接接头,从而达到连接的目的。

激光焊接的分类如图 7-10 所示。

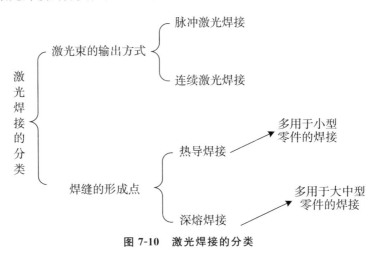

图 7-10　激光焊接的分类

不同种类的激光焊接具有不同的特点。

(1)热导焊接的特点

①焊接速度快、深度大、变形小。

②可焊接难熔材料,如钛、石英等,并能对异种材料施焊,效果良好。

③可焊接难以接近的焊点,施行非接触远距离焊接,具有很大的灵活性。

④可进行微型焊接,并能应用于自动化生产,大幅度提高生产率。同时热影响区小,焊点无污染,焊接质量高。

⑤能在室温或特殊的条件下进行焊接,焊接设备装置简单。

(2)深熔焊接的特点

①可以实施高的加工速度,并利用光的无惯性,在高速加工过程中可急停和重新开始。可以获得高深宽比的狭焊缝和窄的近热影响区,整个焊接接头变形很小。

②可以焊接一般方法难以焊接的材料,甚至可以进行金属与非金属以及不同种类的金属之间的焊接。

③容易实现自动化焊接,并可在高速下焊接复杂形状的工件。

④焊接过程不需要电极和填充材料,焊接区几乎不受污染;再加上激光深熔焊机制产生的纯化作用,可形成较纯、低杂质焊缝。

⑤通过分光装置可实现一台激光器供多个工作台进行不同的工作,达到一机多用。

⑥适用于在透明物体制成的密封容器里焊接剧毒材料。激光不受电磁场影响,不存在 X 射线防护,不需要真空保护。

激光焊接目前也存在着价格昂贵,对焊接件加工组装、定位要求很高,激光器的电光转换及整体效率很低等缺点。其已经成功地应用于微电子器件等小型精密零部件的焊接以及深熔焊接等,如晶体管元件的焊接。

3. 激光淬火

激光淬火是以 $10^4 \sim 10^5$ W/cm² 的高能量密度的激光束快速扫描工件表面,使其表面极薄一层的小区域内快速吸收能量而使温度急剧上升,升温速度可达到 $10^5 \sim 10^6$ ℃/s,而此时工件其他部位仍处于冷态。由于热传导的作用,表面热量迅速传导工件其他部位,冷却速度可达 10^5 ℃/s,可在瞬时进行自冷淬火,从而完成工件表面的相变硬化。

(1)激光淬火的特点

①激光束能量密度高,淬火过程工件表面急冷急热,淬硬层马氏体晶粒极细,硬度比常规淬火高 $15\% \sim 20\%$。

②激光淬火无污染、工艺简单、生产效率高,可实现自动化生产,经济效益显著。

③可以对内孔、深孔、盲孔、凹孔等形状复杂的零件进行硬化处理,还可以根据需要调整硬化层的深浅,一般可达 $0.1 \sim 1$mm。

④工件变形极小,适合于精度零件的处理。淬火后可以不用矫直及精磨等工序。

⑤激光淬火的硬化深度有限,一般在 1mm 内;设备费用较高。

(2)激光淬火的应用

激光淬火技术已经广泛应用于各行各业,尤其在交通运输工具、纺织机械、重型机械以及精密零件等行业广泛应用。在诸多的应用中,尤以在汽车制造领域最为普遍,制造的经济价值也最大。

激光淬火技术正在我国迅猛发展,其应用前景非常广阔。此外,激光表面处理工艺还包括涂敷、熔凝、刻网纹、化学气相沉积、物理气相沉积以及增强电镀等。

我国各地几乎都有不同规模的激光加工中心,为各行业及其零件进行激光热处理。如:西安内燃机配件厂,北京内燃机集团,大连机车车辆厂,长安一汽集团,青岛中发激光技术有限公司等。

4. 激光的其他加工技术

激光焊接及激光淬火是比较传统的加工方法。随着科学技术的发展,激光加工技术正在或已经在其他新的应用方面得到了发展。

(1)激光微细加工技术

随着工业和技术的不断发展,有些制品孔的直径和沟槽尺寸越来越小,而这些尺寸的公差要求却越来越严格,只有用激光方法才能满足对零件提出的从 $1\mu m \sim 1mm$ 的所有要求。

激光微细加工技术主要分为光刻法、刻蚀法和 LIGA 技术。

(2)激光熔覆与激光合金化

1)激光熔覆

激光熔覆利用高能激光束($10^4 \sim 10^5$ W/cm^2)在金属表面辐照,通过迅速熔化、扩展和迅速凝固,使得冷却速度达到 $10^2 \sim 10^6 ℃/s$,可在基材的表面熔覆一层具有特殊物理、化学或力学性能的材料,从而形成一种新的复合材料,是一种材料表面改性的方法。

2)激光合金化

在高能量激光束的照射下,激光合金化使基体材料表面的一薄层与根据需要加入的合金元素同时快速熔化、混合,形成厚度为 $10 \sim 1000\mu m$ 的表面熔化层,这种合金层具有高于基材的某些性能,所以能够达到表面改性处理的目的,是金属材料表面局部改性处理的一种新的方法。

随着对激光合金化的认识越来越深入,激光合金化技术的应用也越来越广泛。目前,大量应用在提高钢铁的抗热腐蚀性能、止裂性能和抗硫化氢腐蚀性能方面,可以改善铸钢和铸铁的强韧性、耐腐性。伴随着科学技术的进步,激光合金技术将向机械结构用钢、不锈钢、耐热钢、建筑用钢、特殊钢方面延伸,从而必将产生巨大的经济效益。

7.4　数控电火花成型加工技术

电火花加工是一种通过工件和工具电极之间的脉冲放电而有控制地去除工件材料的加工方法。工件和工具电极间通常充有液体的电介质(工作液)。利用这种方法进行成型和穿孔加工。从 20 世纪 70 年代起,数控技术进入成型加工领域并快速发展。

7.4.1　电火花成形的加工原理

1. 加工原理

如图 7-11 所示为电火花成型装置示意图。脉冲电源 2 的两极分别接在工具电极 4 与零件 1 上,当两极在工作液 5 中靠近时,极间电压击穿间隙而产生火花放电,在放电通道中瞬时产生大量的热,使零件和工具表面局部材料熔化甚至气化,从而被蚀除下来形成微小的凹坑。经多次放电后,零件表面将形成许多非常小的凹坑。使得电极不断下降,工具电极的轮廓形状便复制到零件上,这样就完成了零件的加工,如图 7-12 所示为电火花加工表面示意图。

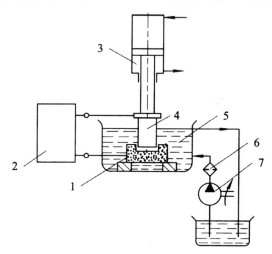

图 7-11　电火花成形装置示意图

1—零件;2—脉冲电源;3—自动进给装置;4—工具电极;

5—工作液;6—阀门;7—工作液泵

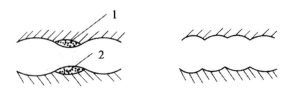

图 7-12　电火花加工表面示意图

1—凹坑；2—凸坑

2. 进行加工的条件

基于上述原理，进行电火花加工应具备下列条件：

①工具和工件被加工面的两极之间要经常保持一定的放电间隙，通常约为几微米到几百微米。如果间隙过大，工作电压击不穿，电流接近于零；如果间隙过小，形成短路接触，极间电压接近于零，这两种情况都形成不了火花放电的条件，电极间均没有功率输出。为此，在电火花加工过程中必须具有电极工具的自动进给和调节装置。

②放电形式应是脉冲的，放电时间要很短，一般为 $10^{-7} \sim 10^{-4}\,\mathrm{s}$，使放电时产生的绝大部分热量来不及从微小的加工区中传输出去，从而把放电蚀除点局限在很小的范围内，如图 7-13 所示。

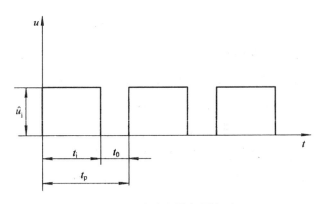

图 7-13　脉冲电源电压波形

③在相邻两次脉冲放电的间隔时间内，电极间的介质必须来得及消除电离，避免在同一点上持续放电而形成集中的稳定电弧。

④必须把加工过程中所产生的电蚀产物（包括加工屑和焦油、气体之类的介质分解产物）和余热，及时地从加工间隙中排除出去，使加工能正常地连续进行。但非常小的粒子污染，反而有利于火花通道的迅速形成。

⑤在加工过程中，工件和工具电极之间应保持一定的距离（通常为几微

米到几百微米），以维持适宜的放电状态。

⑥火花放电必须在一定绝缘性能的液体介质中进行。没有一定的绝缘性能，就不能击穿放电，形成火花通道。使用液体介质，一方面是为了能把电火花加工后的金属屑等电蚀产物从放电间隙中悬浮排除出去；另一方面液体对电极表面有较好的导热冷却作用。

7.4.2　电火花成型的加工特点

1. 适合于用传统机械加工方法难以加工的材料加工

材料的去除是靠放电热蚀作用实现的，主要取决于材料的热学性质，如熔点、比热容以及导热系数等，而与其力学性能，如硬度、韧性、抗拉强度等无关。因此，工具硬度可以低于被加工材料的硬度，使得电极制造比较容易。

2. 可加工特殊及复杂形状的零件

可加工高强度、高硬度、高韧性、高熔点的难切削加工的导电材料，不受加工材料的物理、力学性能影响，如淬火钢、硬质合金、导电陶瓷、立方氮化硼等。在一定条件下，还可加工半导体材料和非导体材料。

由于电极和工件之间在加工时没有相对切削运动，不存在机械加工时的切削力，故有利于小孔、窄槽、曲线孔及薄壁零件的加工，适宜加工低刚度工件和微细加工。

由于脉冲放电时间短，材料被加工表面受热影响的范围较小，不会产生热变形，故尤其适宜于加工热敏性材料。此外，还可实现仿形加工，例如半圆形内孔等。

3. 脉冲参数可任意调节

加工中只需更换工具电极或采用阶梯形工具电极就可以在同一机床上连续进行粗加工、半精加工和精加工。

4. 直接利用电能加工，便于实现过程的自动化

加工条件中起重要作用的电参数容易调节，能方便地进行粗、半精、精加工各工序，简化工艺过程。

7.4.3 数控电火花成型加工的局限性

1. 主要用于金属材料的加工

电火花成型加工主要用于加工金属材料,但在一定的条件下,也可以加工半导体和非导体的材料。

2. 最小角部半径有限制

电火花加工可达到的最小角部半径等于加工间隙。当电极有损耗或采用平动方式加工时,角部半径要增大。

3. 存在电极损耗

虽然有的机床可把电极相对于工件的体积损耗降低到 0.1% 以下,但问题在于损耗一般都集中在电极的一部分,影响成型精度。精加工时的电极低损耗问题仍有待深入研究。

4. 加工效率较低

一般情况下,单位加工电流的加工速度不超过十几 $mm^3/A \cdot min$。但是,新开发的水基工作液有可能使粗加工效率大幅度提高。此外,加工速度和表面质量之间存在着突出的矛盾,即精加工时加工速度很低,粗加工时常受到表面质量的限制。

5. 加工表面的"光泽"问题

一般精加工后的表面,如粗糙度已达 $R_a 0.2 \mu m$,仍然没有机械加工后的那种"光泽",此时就需要经过抛光后才能发"亮",而近年来发展的镜面加工技术通常只能在不大的面积(如 20mm×20mm)上加工出镜面,但当采用煤油中掺加硅粉的新技术后,则有可能在较大的面积(如 400mm×400mm)上实现相对高速的镜面加工。

7.4.4 电火花成型加工的应用

由于电火花成型加工有其独特的优点,加上数控水平和工艺技术的不断提高,其应用领域日益扩大,其加工示例如图 7-14 所示。

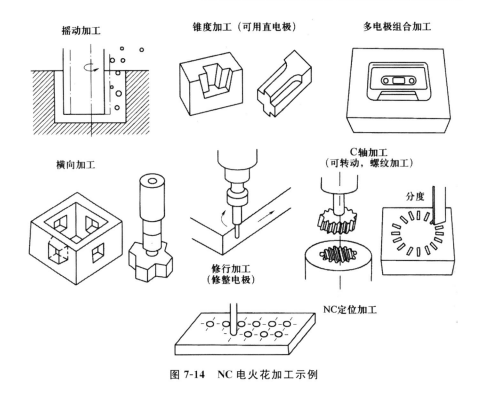

图 7-14　NC 电火花加工示例

1. 加工模具

电火花成型加工可用于加工模具，如拉伸模、压铸模、冲模、锻模、塑料模、挤压模、胶木模、陶土模、玻璃模、花纹模以及粉末冶金烧结模等。主要有穿孔加工和型腔加工两种。

（1）穿孔加工

电火花穿孔成型加工主要是用于冲模、挤压模、粉末冶金模以及型孔零件的加工，如图 7-15、图 7-16 所示。

对于硬质合金、耐热合金等特殊材料的小孔加工，采用电火花加工是首选的办法。此外，电火花加工还适用于精密零件上的各种型孔（包括异型孔）的单件和小批生产。

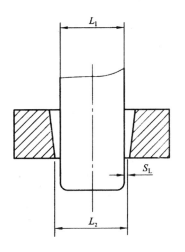

图 7-15　凹槽的电火花加工

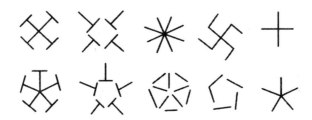

图 7-16　异型孔的电火花加工

　　小孔加工由于工具电极截面积小,容易变形,加工时不易散热,排屑困难,电极损耗大。因此,小孔电火花加工的电极材料应选择消耗小、杂质少、刚性好、容易矫直和加工稳定的金属丝。

　　近年来,在电火花穿孔加工中发展了高速小孔加工。加工时,一般采用管状电极,电极内通以高压工作液。工具电极在回转的同时作轴向进给运动,如图 7-17 所示。这种方式适合 0.3～3mm 的小孔的加工。同时,利用这种方法还可以在斜面和曲面上打孔,且孔的尺寸精度和形状精度较高。

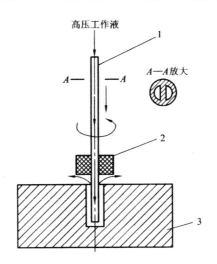

图 7-17　电火花高速小孔加工示意图
1—管电极;2—导向器;3—工件

　　(2)型腔加工

　　电火花型腔加工主要用于加工各类压铸模、挤压模、塑料模、热锻模和胶木模的型腔。这类型腔多为盲孔,形状复杂。在加工过程中,为了便于排除加工产物和进行冷却,以提高加工的稳定性,有时在工具电极中间开有冲油孔。如图 7-18 所示。

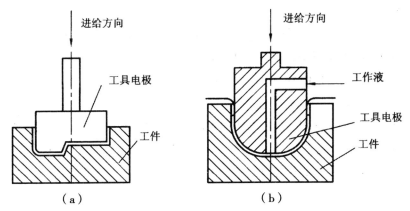

图 7-18 电火花型腔加工

(a)普通工具电极；(b)工具电极开有冲油孔

2. 加工高温合金材料

在航空、航天、机械等部门中，常会要求对高温合金等难加工材料进行加工，此时，由于材料为又硬又韧的耐热合金，故采用电火花加工技术是最合适的工艺方法。

3. 加工成型零件

可用于加工各种成型零件，如刀具、样板、工具、量具以及螺纹等。

4. 微细精密加工

通常可用于 0.01～1mm 范围内的型孔加工，如化纤异型喷丝孔、电子显微镜栅孔、激光器件、发动机喷油嘴、人工标准缺陷的窄缝加工在工艺试件上故意加工出一个小窄缝，以模拟工艺缺陷，进行强度试验等。

5. 复合加工

结合数控功能，电火花加工可显著扩大应用范围，如水平加工、锥度加工、多型腔加工、采用简单电极进行的三维型面加工以及利用旋转主轴进行的螺旋面加工等。

7.4.5 数控电火花成型加工工艺过程

1. 电加工工艺参数的选定

（1）电极极性选择

工具电极极性的一般选择原则见表 7-1。

表 7-1   电极极性的选择原则

具体情况	极性
铜电极对钢	+
铜电极对铜	−
铜电极对硬质合金	− , +
石墨电极对铜	−
石墨电极对硬质合金	−
石墨电极对钢	$R_{max} < 15\mu m, -$
	$R_{max} > 15\mu m, +$
钢电极对钢	+

（2）加工峰值电流和脉冲宽度选择

加工峰值电流和脉冲宽度主要影响加工表面粗糙度、加工宽度。选择参数时主要靠自己加工经验以及机床的电源特性。一般来说，机床制造厂家会提供一个比较粗糙的电源指标，如最大加工峰值电流，最小加工峰值电流，最大加工脉冲宽度，最小脉冲宽度，这样就可以把这些加工峰值电流及脉冲宽度分为三个区域，即粗加工区、半精加工区、精加工区。

如日本三菱 M25C6G15 型 CNC 电火花成型机的指标：最小加工电流 0.8A；最小脉冲宽度 2μs；最大加工峰值电流 18A；最大脉冲宽度 1024μs。因此，粗、半精、精加工区分区为：精加工区加工峰值电流从 0.8A 到 3A，加工脉冲宽度从 2μs 到 30μs；半精加工区加工峰值电流从 3A 到 9A，加工脉冲宽度为 30μs 到 90μs；粗加工区加工峰值电流从 9A 到 18A，脉冲宽度为 90μs 到 1024μs。

在加工时，操作者应根据实际加工情况选择参数。为达到最终加工要求精度，粗糙度值较低，最终加工峰值电流和脉冲宽度选择时要偏下限一些。对于粗加工，因为后面还有半精、精加工，所以其加工峰值电流及脉冲宽度可以偏大些，以获得大的加工速度。对半精加工，主要是为了去除粗加工留下的加工痕迹及去除少量余量，所以，峰值电流及脉冲宽度一般取中间值。

（3）脉冲间隙时间选择

脉冲间隔的时间会影响加工效率，但是过短的间隔时间将导致放电异常，所以，在选择脉冲间隔的时间时，操作者应重点考虑排屑情况，从而保证正常加工的进行。

2. 预加工

为提高加工效率,预加工的一般方法有:

(1)工件预加工

在电火花加工中加工去除金属量,将会直接影响加工效率,所以,在电加工前必须使工件有恰当的加工余量。原则上电加工余量越少越好。

对型腔而言,侧面的单边余量 0.1~0.5mm,底面余量 0.2~0.7mm,如果是盲孔或台阶型腔,一般侧面单边余量 0.1~0.3mm,底面余量 0.1~0.5mm。

(2)蚀出物去除

电加工中产生的蚀出物的去除情况好坏,会直接对加工的质量产生影响,所以,在加工中要保证有良好的排屑环境。

1)冲液法

在工件或电极上开加工液孔,让工作液从中流过,如图 7-19 所示。

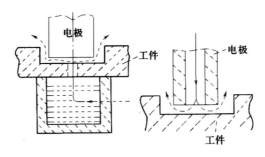

图 7-19　冲液法

2)抽液法

抽液法与冲液法的原理相反。

3)喷射法

当在工件或电极不能开加工液孔时,可使用喷射法,如图 7-20 所示。

3. 加工方式选定

加工方式的选定是指用什么方式来加工,是用多电极多次加工,还是用单电极加工是否采用摇动加工等。加工方式的选择要视具体情况而定,一般来说,多电极多次加工的加工时间较长,需要电极定位正确。

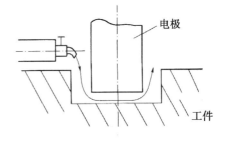

图 7-20　喷射法

单电极加工一般用于型腔要求比较简单的加工。对于一些型腔粗糙度、形状精度要求较高的零件,可以采用摇动加工方式,如图 7-21 所示。

(1)任意轨迹运动

用各点坐标值(X,Y)先编程,以后再动作。

(2)圆弧运动

从中心向半径 R 方向做圆弧运动,同时加工。

(3)多边形运动

从中心向外扩展至 R 位置后,做多边形运动加工。

(4)放射运动

从中心向外做半径为 R 的扩展运动,边扩展边加工。

(5)自动扩大加工

对以上 4 种运动方式,顺序增加 R 值,同时移动进行加工。

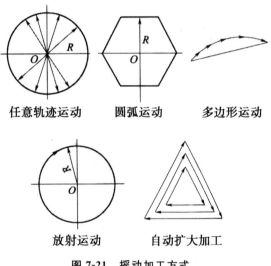

| 任意轨迹运动 | 圆弧运动 | 多边形运动 |

放射运动　　自动扩大加工

图 7-21　摇动加工方式

7.5　复合加工技术

为了更好地发挥特种加工技术的作用,解决加工中遇到的一些难解之题,将传统的加工技术和特种加工技术有效地结合在一起,或将几种加工技术融合到一起所形成的技术就是复合加工技术。其发挥各自所长,相辅相成,从而达到制造业加工技术的要求。

1. 化学-机械复合加工

化学-机械加工方法可以有效地加工硬度合金、工程陶瓷、单晶蓝宝石和半导体晶片等材料,防止因机械加工而引起的表面脆性裂纹和凹痕,避免磨粒引起的隆起以及划痕,从而获得光滑无缺陷的表面。

化学-机械研磨可使工件的表面粗糙度达到 $R_a 0.025 \sim 0.008 \mu m$,适用于黑色金属和非金属材料的外网、孔、平面、型面的加工。

化学-机械抛光可使工件的表面粗糙度达到 $R_a 0.01 \mu m$,广泛应用于各种材料上的外圆、孔、平面、型面的加工。

2. 磨削复合加工

磨削复合加工的目的是使被加工工件获得较高的表面质量精度和形状精度。磨削复合加工的主要方式有电解在线连续修整砂轮磨削法、松散磨料或游离磨料的复合加工和机械脉冲放电磨削复合加工三种。

3. 切削复合加工

切削复合加工可分为加热切削和超声振动辅助切削两种。

(1)加热切削

采用一些手段,如激光照射、等离子电弧等,将工件的局部瞬间加热,从而降低工件切削区的强度,提高其塑性,改善其切削加工性能。如加工不锈钢等难切削的工件。

(2)超声振动辅助切削

通过超声振动所产生的能量来减小刀具与工件之间的摩擦,从而提高被加工工件的塑性,达到提高加工质量的目的。

第8章 伺服驱动系统及位置检测装置

数控机床部件的位置和速度的自动控制是由伺服系统来实现的。数控机床伺服系统的输入量是 CNC 插补器的输出信号(进给脉冲或进给位移量),输出量是能驱动伺服电机所需的电压或电流。

在具体的机床中,伺服电机的驱动可能要经过一个传动系统,再使机床的工作台等产生所需的精确位移和速度。实际的机、电、液控系统组成可能要比简化后的理论分析模型复杂得多,伺服系统对于跟随误差、驱动等要求很高,因此数控系统的伺服系统也称为"随动系统"或"进给拖动系统"。

一般地,要实现准确的控制,需要一套位置检测装置快速、高效地测量各项参数的实时值。因此,位置检测也是闭环控制数控机床的重要组成部分,它进行长度、角度、直线位移或角位移等参量的检测,数控系统依靠指令值与位置检测装置的反馈值进行比较,以控制工作台的精确运动。

8.1 伺服控制原理

8.1.1 进给伺服系统的组成

数控机床的伺服系统由伺服驱动电路、伺服电动机、位置测量与反馈装置、机械传动机构以及执行部件等组成。从主要的功能表现形式来看,进给伺服系统也是一种由数控系统精确控制的驱动系统。

常用的执行元件,在调速范围、过载能力、快速响应、精度等方面具有差异,其性能比较可参见表 8-1。

由于数控加工要求精密加工,对数控系统不仅有位置控制要求,速度控制也十分重要。现代数控机床的伺服系统一般采用一个双闭环系统,内环是"速度环",外环是"位置环"。其一般结构如图 8-1 所示。

表 8-1 伺服系统部分执行元件性能比较

项目	功率步进电动机	电液脉冲马达	宽调速直流伺服电动机	小惯量直流电动机
调速范围	与步距角及齿轮有关	与步距角及齿轮有关	1：20000	1：20000
快速响应	差	差	好	好
过载能力	额定值	额定值	10 倍过载＞10s 2 倍过载＞10min	10 倍过载＜1s
精度	与步距角及齿轮、丝杠的精度有关	与步距角及齿轮、丝杠的精度有关	高	较高
低速性能	步进		好,可达 0.1r/min	与齿轮精度有关
噪声、污染	电磁噪声	噪声、油污	噪声小	齿轮有噪声
共振	影响大	影响大		有影响
维修	不要维修	换油、滤油	电刷	电刷
效率	低	低	高	高
转矩	～50N·m	～200N·m	～200N·m	

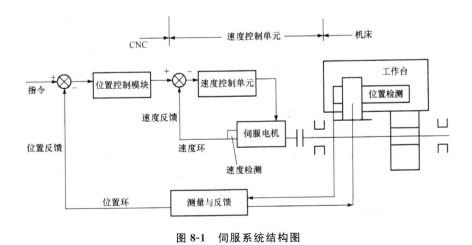

图 8-1 伺服系统结构图

8.1.2 伺服驱动系统分类

1. 按调节方式划分

（1）开环伺服系统

开环伺服系统为无位置检测系统，如图 8-2 所示。该系统的特点是，只按照数控装置的指令脉冲进行工作，而对执行结果，即移动部件的实际位移，不进行检测和反馈。

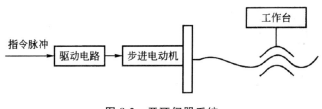

图 8-2　开环伺服系统

（2）闭环系统

闭环伺服系统是误差控制随动系统。如图 8-3 所示。

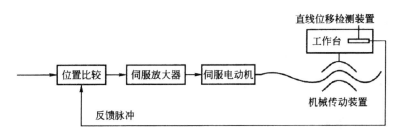

图 8-3　闭环伺服系统

闭环伺服系统的工作原理：当数控装置发出位移指令后，经过伺服放大器、伺服电动机、机械传动装置驱动工作台移动，直线位移检测装置将检测到的位移反馈到位置比较环节与输入信号进行比较，将误差补偿到控制指令中，再去控制伺服电动机。

（3）半闭环系统

在工程实际中，还有一类伺服系统称为"半闭环伺服系统"，如图 8-4 所示。它与闭环系统的区别是检测元件为角位移检测装置，两者的工作原理完全相同。

由于客观上存在机械传动链的误差，半闭环系统的精度低于闭环系统的精度。半闭环和闭环系统没有本质上的区别，其控制原理是一样的。但

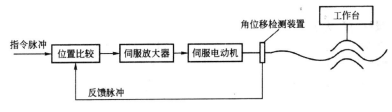

图 8-4　半闭环伺服系统

半闭环比闭环调整容易,使用场合较多。全闭环伺服系统的应用场合主要是使用过程中温差变化不大、性能稳定的高精度数控机床。

2. 按反馈量的方式划分

(1)数字比较伺服系统

它是将数控装置发出的数字(或脉冲)指令信号与反馈检测装置测得的以数字(或脉冲)形式表示的反馈信号直接进行比较,达到闭环控制。数字比较伺服系统的闭环控制结构框图如图 8-5 所示。

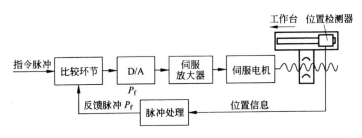

图 8-5　数字比较系统结构

(2)相位比较伺服系统

如图 8-6 所示为闭环相位比较伺服系统结构框图。主要部分有:基准信号发生器(时钟)、脉冲调相器、位置检测装置(如旋转变压器)、鉴相器、放大器和伺服驱动(如液压马达)等。

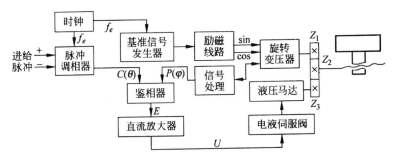

图 8-6　闭环相位比较伺服系统结构框图

205

（3）幅值比较伺服系统

幅值比较伺服系统是以检测信号的幅值来反映机械位移的数值，并以此信号作为位置反馈信号。一般还要将此幅值信号转换成数字信号再与指令信号进行比较，构成闭环控制系统，如图 8-7 所示。

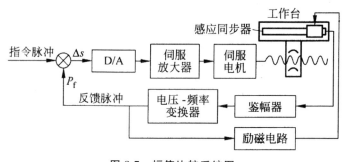

图 8-7　幅值比较系统图

8.2　伺服电机及其速度控制

8.2.1　步进电动机及其速度控制

1. 步进电动机的组成

步进电动机是一种将电脉冲信号转换成机械角位移的电磁机械装置。由于所用电源是脉冲电源，所以也称为脉冲马达，它由定子 1、定子绕组 2 和转子 3 组成（图 8-8）。

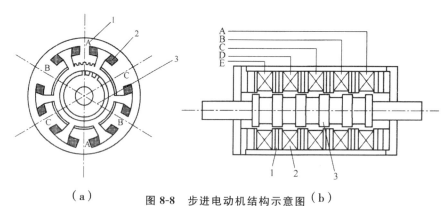

（a）

图 8-8　步进电动机结构示意图（b）

（a）三相单定子径向分相式；（b）轴向分相式

1—定子；2—定子绕组；3—转子

2. 步进电动机的工作原理

步进电动机是按电磁吸引的原理工作的,如图 8-9 所示为反应式三相步进电动机。三相反应式步进电动机的定子铁芯上有六个均匀分布的磁极,沿直径相对的两个磁极上的线圈串联起来构成一相励磁绕组,共有 A、B、C 三相励磁绕组。

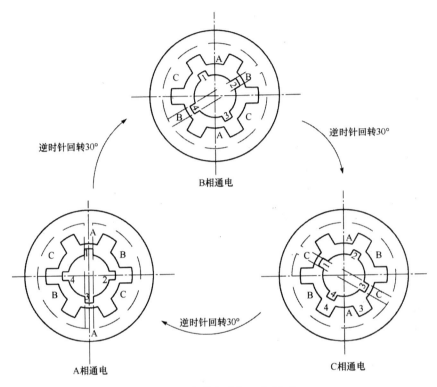

图 8-9　步进电动机工作原理

步进电动机每步转过的角度称为步距角。步距角 α 的计算式为

$$\alpha = \frac{360^\circ}{kmz} \tag{8-1}$$

式中,k 为通电方式系数,当采用单相或双相通电方式时,$k=1$;当采用单双相轮流通电方式时,$k=2$;m 为步进电动机的相数;z 为步进电动机转子的齿数。

如表 8-2 所示,一般电动机的相数越多,工作方式越多。

表 8-2　反应式步进电动机工作方式

相数	循环拍数	通电规律
三相	单三拍	A－B－C－A
	双三拍	AB－BC－CA－AB－
四相	六拍	A－AB－B－BC－C－CA－A－
	单四拍	A－B－C－D
	双四拍	AB－BC－CD－DA－AB
	八拍	A－AB－B－BC－C－CD－D－DA－A
		AB－ABC－BC－BCD－CD－CDA－DA－DAB－AB
五相	单五拍	A－B－C－D－E－A
	双五拍	AB－BC－CD－DE－EA－AB
	十拍	A－AB－B－BC－C－CD－D－DE－E－EA－A
		AB－ABC－BC－BCD－CD－CDE－DE－DEA－EA－EAB－AB
六相	单六拍	A－B－C－D－E－F－A
	双六拍	AB－BC－CD－DE－EF－FA－AB
	三六拍	ABC－BCD－CDE－DEF－EFA－FAB－ABC
	十二拍	AB－ABC－BC－BCD－CD－CDE－DE－DEF－EF－EFA－FA－FAB－AB

3. 步进电动机的主要参数

（1）步进电动机单相通电的矩角特性

当三相反应式步进电动机的 A 相通电，B、C 相断电时，如果外部没有施加转矩，则转子处在转子齿和 A 相定子齿对齐的平衡位置。如果在外加转矩作用下，转子偏移一个较小的角位移 θ_e，则由于定子电磁力的吸引，转子会受到一个方向和 θ_e 相反、大小与 θ_e 有关的电磁转矩，该转矩使转子趋向于回到原来的平衡位置，称为静态转矩 T，偏移角度 θ_e 称为失调角。描述两者关系的曲线称为矩角特性曲线（见图 8-10）。

（2）启动转矩

如图 8-11 所示为三相步进电动机的矩角特性曲线，则 A 相和 B 相的矩角特性交点的纵坐标值 T_q 称为启动转矩。它表示步进电动机单相励磁时所能带动的极限负载转矩。

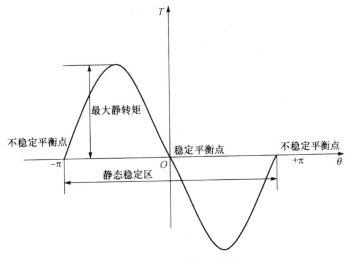

图 8-10　静态转角特性

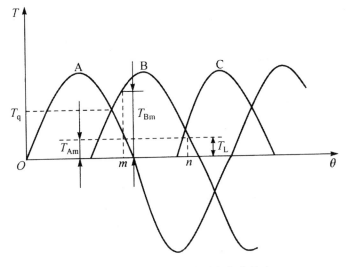

图 8-11　步进电动机的最大负载能力

（3）空载启动频率

在空载时步进电动机由静止开始启动，能够不失步地进入正常运行的最高启动频率称为空载启动频率或突跳频率，单位为 Hz。

步进电动机的启动频率和负载力矩之间的关系称为启动矩频特性，其特性曲线如图 8-12 所示，启动频率与负载惯量的关系称为启动惯频特性，其特性曲线如图 8-13 所示。

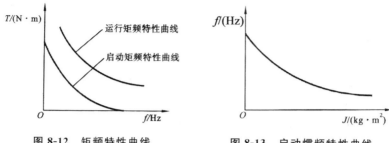

图 8-12　矩频特性曲线　　　　　图 8-13　启动惯频特性曲线

4. 步进电动机的控制线路

步进电动机的驱动装置由脉冲分配器、功率放大器等组成,如图 8-14 所示。驱动装置是将变频信号源送来的脉冲信号及方向信号按要求的配电方式自动地循环供给步进电动机的各相绕组,使驱动步进电动机转子正、反向旋转。因此,只要控制输入电脉冲的数量及频率就可精确控制步进电动机的转角及转速。

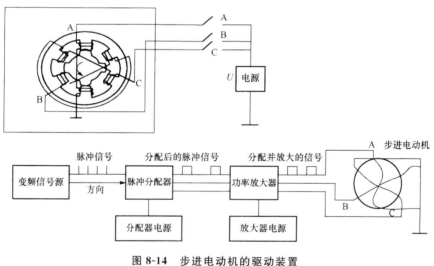

图 8-14　步进电动机的驱动装置

8.2.2　直流伺服电动机及其速度控制

常用的直流伺服电动机有小惯量直流伺服电动机、印刷电动机、调速直流电动机等。其中宽调速直流电动机又分为电励磁和永久磁铁两类。

直流伺服系统的结构如图 8-15 所示。

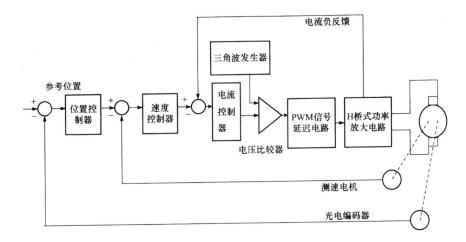

图 8-15　直流驱动系统的一般结构

　　直流伺服电机容易调速,作为直流伺服系统的一个执行元件,具有较硬的机械特性,在数控机床中得到了广泛的应用。

1. 永磁式直流伺服电动机

　　永磁式直流伺服电动机是指以永磁材料获得励磁磁场的一类直流电动机,又称为宽调速直流伺服电动机,其结构如图 8-16 所示。

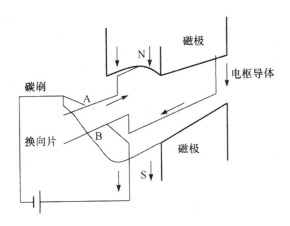

图 8-16　直流伺服电动机的基本结构

　　普通惯量的永磁式直流伺服电动机的定子磁极是永磁体,其材料多采用铁氧体,该种材料不但成本低、质量轻,而且电枢反应的去磁作用小,使电动机的过载能力强;它的主要缺点是剩磁感应强度不高,转子散热效果差,转子温度升高,会影响机床的精度。

2. 小惯量直流电动机

该电动机具有较小的转动惯量,可以很好地实现快速响应,适合于有快速响应要求的伺服系统。但小惯量直流电机的过载能力低,电枢惯量与机械传动系统匹配较差,选用时要仔细分析。几种小惯量直流伺服电动机的特性与应用场合分析如下:

(1)印制绕组电动机

此种电动机具有较好的转向性,可以进行平稳转动,机电时间常数较低,适用于低速和起动、反转频繁的电气伺服系统,如机器人关节控制。其应用的直流伺服电动机的励磁方式为永磁式,其电枢绕组是在圆形绝缘板上制成的,磁极以轴向的方式进行组装。

(2)无槽电枢电动机

该型电动机具有较小的转动惯量,较好的转向性,机电时间常数较低,适用于高度、较大功率的伺服系统。其应用的直流伺服电动机的励磁方式为永磁式或电磁式,其电枢绕组是在圆柱状的铁芯表面固定上耐热性良好的环氧树脂,具有较大的气隙。

(3)空心杯电枢电动机

该型电动机用于需要快速动作的电气伺服系统,如在机器人的腕、臂关节及其他高精度伺服系统中,作伺服电动机。

3. 直流伺服电动机的速度控制方法

如图 8-17 所示为直流电动机速度控制原理。

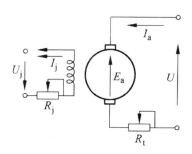

图 8-17 直流电动机速度控制原理

在定子磁场的条件下,电磁转矩 M 会作用在电子转子中的电枢绕组上,从而推动电机转子发生转动。M 表示为

$$M = k_T I_a \qquad (8-2)$$

式中,k_T 为电机的转矩系数,$k_T = C_M \Phi$;I_a 为电机电枢电流。

电机转子发生旋转,会造成磁力线的破坏从而得到反电势,其数值可按下式计算:

$$E_a = k_e n \tag{8-3}$$

式中,k_e 为电机的转矩系数,$k_e = C_e \Phi$;n 为电枢的转速,r/min。

也可以按照下式进行计算:

$$E_a = k_e \frac{60\omega}{2\pi} = k'_e \omega \tag{8-4}$$

式中,k'_e 为电势系数,$k'_e = \frac{60}{2\pi} k_e$;$\omega$ 为电枢的角速度,rad/s。

电枢上的电压 U 的数值为反电势与电枢电压降之和,故

$$U = E_a + I_a R_a \tag{8-5}$$

式中,R_a 为电枢电阻。

式(8-5)为电机的电压平衡公式。由式(8-3)以及式(8-5)可得

$$n = \frac{U - I_a R_a}{k_e} \tag{8-6}$$

可按照以下方法来调节电机的转速:

①调节电枢电压的大小。

②调节磁通量 Φ 的大小,也就是调节 k_e 的大小。要想调节磁通量的数值,可以通过调节激磁回路的电阻 R_j 来调节激磁电流 I_j 的大小。

③在电枢回路中串联调节电阻 R_t。则可按下式求得电机转速

$$n = \frac{U - I_a (R_a + R_t)}{k_e} \tag{8-7}$$

8.2.3　交流伺服电动机及其速度控制

交流伺服电动机转子惯量比直流伺服电动机小,使其动态响应好。交流伺服电动机的容量可以做得较大,达到更高的电压和转速。交流伺服电动机没有电刷和换向器等结构上的缺点,其在数控机床上得到很好的应用。

交流伺服电动机的转子是永磁铁,驱动器所调控的 U/V/W 三相电构成了一个电磁场,在该磁场中,转子会发生转动。除此以外,电动机上安装的编码器会将形成的反馈指令传送给驱动器,驱动器收到指令后,会将该反馈值与目标值进行比较,进而操控转子所发生旋转的角度,如图 8-18 所示。

1. 永磁同步交流伺服电动机

工业上,同步交流伺服系统由永磁同步电动机、转子位置传感器、速度传感器组成。永磁交流伺服电动机与永磁直流伺服电动机的不同之处在于

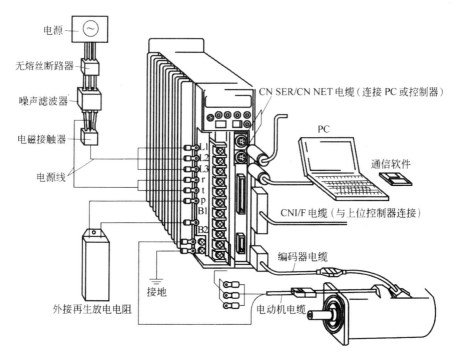

图 8-18　伺服驱动控制

用转子位置传感器取代了直流电动机换向器和电刷的机械换向,没有机械换向造成的电火花,使其能用在有腐蚀性、易燃易爆气体的环境。图 8-19 为交流伺服电动机[图 8-19(b)]与直流电动机的原理[图 8-19(a)]比较。

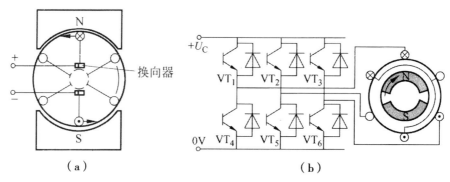

（a）　　　　　　　　　　　　　（b）

图 8-19　交流伺服电动机与直流电动机原理比较

在直流电动机中,定子为磁极,转子上布置有绕组;电动机依靠转子线圈通电后所产生的电磁力转动,通过接触式换向器换向,保证任意一匝线圈转到同一磁极下的电流方向总是相同的,以产生方向不变的电磁力,保证转子的固定方向连续旋转。

通常永磁交流伺服电动机是指永磁同步电动机,如图 8-20 和图 8-21 所示。

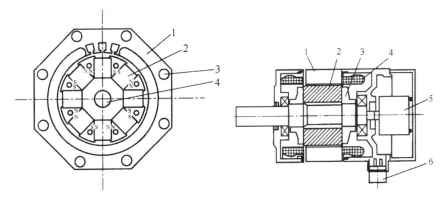

图 8-20　永磁交流伺服电动机横剖面
1—定子;2—永久磁铁;
3—轴向通风孔;4—转轴

图 8-21　永磁交流伺服电动机纵剖面
1—定子;2—转子;3—压板;
4—定子三相手绕组;
5—脉冲编码器;6—出线盒

同一种铁芯和相同的磁铁块数可以装成不同的极数,如图 8-22 所示。

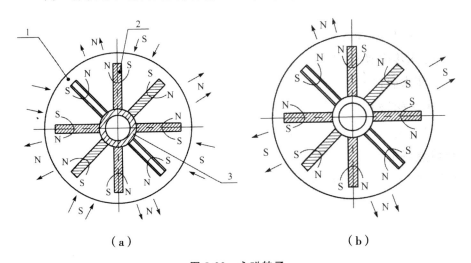

（a）　　　　　　　　　　　　　（b）

图 8-22　永磁转子
1—铁芯;2—永久磁铁;3—非磁性套筒

转子结构上,还有一类称有极靴星形转子,如图 8-23 所示,这种转子可由矩形磁铁和整体星形磁铁构成。磁性能不同,制成的结构也不同。

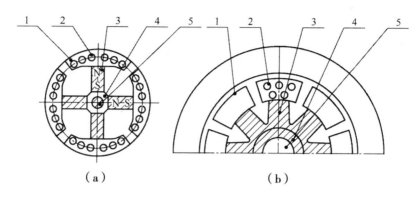

图 8-23　有极靴的星形转子

（a）矩形磁铁式；（b）整体星形磁铁式

1—极靴；2—笼条；3—永久磁铁；4—转子；5—转轴

2. 异步交流伺服电动机

根据处理信号的方式不同，交流伺服系统可以分为模拟式伺服、数字模拟混合式伺服和全数字式伺服。

异步交流伺服电动机中，往往将其转子制作成鼠笼的样式，其电阻比普通的异步电动机大得多。若要进一步提高伺服电动机的工作效率，应该使转子具有的转动惯量降低，因此通常会把转子的形状制作得较细、较长。为了减少磁路的磁阻，在空心杯转子内放置了固定的内定子（图 8-24）。

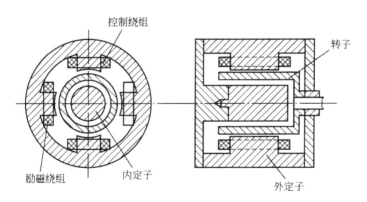

图 8-24　杯形转子伺服电动机结构

与单相异步电动机相比，伺服电动机有以下 3 个显著特点：

（1）起动转矩较大

因为转子具有较大的电阻，能够令临界转差率 $S_0 > 1$，一旦在定子上施加电压，那么转子会迅速开始转动。

（2）运行范围宽

只要转差率 S 满足处于 0～1 的范围内，伺服电动机便可以进行平稳的运行，见图 8-25。

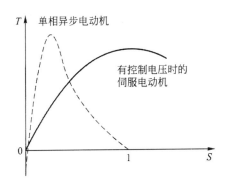

图 8-25　伺服电动机 $T-S$ 曲线

（3）无自转现象

处于正常运行状态的伺服电动机，一旦不继续向其施加电压，该电动机便不再运行。造成这一现象的原因是，当伺服电动机上没有电压时，其便进入单相运行模式，因为转子具有较大电阻，使得它具有普通单相异步电动机所不具备的特点。在这种情况下，其合成转矩 T 便作为制动转矩，使电动机停止运行。图 8-26 给出了定子中两个相反方向旋转的旋转磁场与转子作用所产生的两个转矩的特性（T_1-S_1、T_2-S_2 曲线）及合成转矩的特性（$T-S$ 曲线）。

如图 8-27 所示为伺服电动机的机械特性曲线。

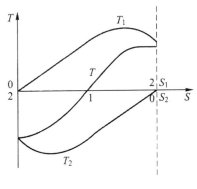

图 8-26　伺服电动机的单相

运行 $T-S$ 曲线

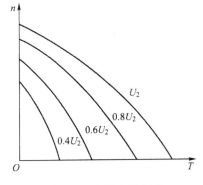

图 8-27　伺服电动机的

$n=f(T)$ 曲线

3. 交流伺服电动机与速度控制单元

交流伺服电动机一般分为异步型交流伺服电动机和同步型交流伺服电动机。当用变频电源供电时,可获得与频率成正比的可变转速。数控伺服系统多采用永磁同步型伺服电动机。

(1)交流伺服电动机的变频调速原理

交流伺服电动机的转速(n)可以按照下面的公式进行计算:

$$n = \frac{60f}{p}(1-s) \tag{8-8}$$

式中,f 为交流电源频率;p 为电机极对数;s 为转速滑差率。

调节 f 的大小,n 会随之发生正比例地改变。可按照下式计算电动机中定子绕组的反电势:

$$E = 4.44fWk\Phi \tag{8-9}$$

在忽略定子的阻抗压降的情况下,定子的相电压为

$$U \approx E = 4.44fWk\Phi \tag{8-10}$$

若相电压 U 不变,随着频率的升高,气隙磁通 Φ 将减小。电机的允许输出转矩公式为

$$M = C_M\Phi I_2\cos\phi \tag{8-11}$$

(2)矢量变换控制原理

如图 8-28(a)所示的交流电机的主相固定定子绕组 A、B、C 上,通以三相正弦平衡交流电流 i_A、i_B、i_C 时,就形成定子旋转磁势 F_s,它的旋转方向取决于三相电流的相序,它的旋转角频率就等于三相电流的角频率 ω_s。

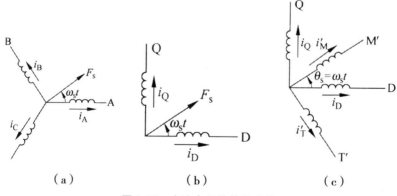

（a） （b） （c）

图 8-28　交流电机的等效变换

如图 8-28(a)所示的交流电机可以用如图 8-28(b)所示的固定、对称两相绕组 D、Q 的交流电机来等效,即同样产生以角频率 ω_s 旋转的定子旋转

磁势 F_s。条件是两相电流满足以下关系：

$$\begin{bmatrix} i_D \\ i_Q \end{bmatrix} = \sqrt{\frac{2}{3}} \begin{bmatrix} \cos 0° & \cos \dfrac{2\pi}{3} & \cos \dfrac{4\pi}{3} \\ \sin 0° & \sin \dfrac{2\pi}{3} & \sin \dfrac{4\pi}{3} \end{bmatrix} \begin{bmatrix} i_A \\ i_B \\ i_C \end{bmatrix}$$

即

$$\begin{bmatrix} i_D \\ i_Q \end{bmatrix} = \sqrt{\frac{2}{3}} \begin{bmatrix} 1 & -\dfrac{1}{2} & -\dfrac{1}{2} \\ 0 & \dfrac{\sqrt{3}}{2} & -\dfrac{\sqrt{3}}{2} \end{bmatrix} \begin{bmatrix} i_A \\ i_B \\ i_C \end{bmatrix} \tag{8-12}$$

式中的系数矩阵称为由三相固定绕组到两相固定绕组的变换矩阵。

设

$$\begin{cases} i_A = \sqrt{2}\, I_A \cos \omega_s t \\ i_B = \sqrt{2}\, I_A \cos\left(\omega_s t - \dfrac{2\pi}{3}\right) \\ i_C = \sqrt{2}\, I_A \cos\left(\omega_s t + \dfrac{2\pi}{3}\right) \end{cases} \tag{8-13}$$

则有

$$\begin{cases} i_D = \sqrt{3}\, I_A \cos \omega_s t \\ i_Q = \sqrt{3}\, I_A \sin \omega_s t \end{cases} \tag{8-14}$$

设如图 8-28(c)所示的两个对称并且相互垂直的绕组 M'、T' 分别通过电流 i'_M、i'_T，而且让绕组以角频率 ω_s 旋转，且设 i'_M、i'_T 与 i_D、i_Q 保持如下的关系：

$$\begin{bmatrix} i'_M \\ i'_T \end{bmatrix} = \begin{bmatrix} \cos\theta_s & \sin\theta_s \\ \sin\theta_s & -\cos\theta_s \end{bmatrix} \begin{bmatrix} i_D \\ i_Q \end{bmatrix} \tag{8-15}$$

式中的系数矩阵称为由两相固定绕组交流电机到旋转绕组电机的变换矩阵。

由于 $\theta_s = \omega_t$，再将式(8-14)代入式(8-15)，得

$$\begin{bmatrix} i'_M \\ i'_T \end{bmatrix} = \begin{bmatrix} \sqrt{3}\, I_A \\ 0 \end{bmatrix} \tag{8-16}$$

由上述两式，只需在两个旋转绕组的 M' 绕组中通以直流电流 $i'_M = \sqrt{3}\, I_A$，这样就可以使它与两相固定绕组 D、Q 的交流电机完全等效，因而也与 A、B、C 三相固定绕组交流电机完全等效。将三种绕组的电机矢量图画在一起，如图 8-29 所示。

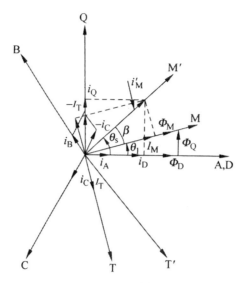

图 8-29　矢量变换控制

可以求得旋转绕组 M、T 中通过的直流电流与 D、Q 固定绕组中的电流的关系如下：

$$\begin{bmatrix} i_D \\ i_Q \end{bmatrix} = \begin{bmatrix} \cos\theta_1 & -\sin\theta_1 \\ \sin\theta_1 & \cos\theta_1 \end{bmatrix} \begin{bmatrix} I_M \\ -I_T \end{bmatrix} \tag{8-17}$$

式中，$\theta_1 = \theta_s - \beta$，负载角 $\theta_1 = \theta_s - \beta = \arctan\dfrac{I_T}{I_M}$。

式(8-17)为 M、T 旋转绕组到 D、Q 固定绕组的变换矩阵。

$$\begin{bmatrix} I_M \\ -I_T \end{bmatrix} = \begin{bmatrix} \cos\theta_1 & \sin\theta_1 \\ -\sin\theta_1 & \cos\theta_1 \end{bmatrix} \begin{bmatrix} i_D \\ i_Q \end{bmatrix} \tag{8-18}$$

式(8-18)为 D、Q 固定绕组到 M、T 旋转绕组的变换矩阵。

$$\begin{bmatrix} i_A \\ i_B \\ i_C \end{bmatrix} = \sqrt{\dfrac{2}{3}} \begin{bmatrix} 1 & 0 \\ -\dfrac{1}{2} & \dfrac{\sqrt{3}}{2} \\ -\dfrac{1}{2} & -\dfrac{\sqrt{3}}{2} \end{bmatrix} \begin{bmatrix} i_D \\ i_Q \end{bmatrix} \tag{8-19}$$

式(8-19)为 D、Q 固定绕组到 A、B、C 绕组的变换矩阵。

总之，为了进行交流电动机的调速，就必须改变电动机的电压与频率，这就需要一整套将电网供电转变为不同电压与频率的交流电的装置，这一装置称为"逆变器"，用来实现逆变的电路称为"逆变电路"。根据控制方式的不同，逆变控制主要有"电流控制型"、"电压控制型"与"PWM 控制型"三种，其主要特点如表 8-3 所示。

表 8-3　逆变形式与主要特点

控制形式	电流控制型	电压控制型	PWM 控制型
主回路形式			
输出电压输出电流			
整流要求	需要控制直流电流 I_d	需要控制直流电压 E_d	要求直流电压 E_d 恒定
直流母线	需要加滤波电抗器	需要加稳压电容	需要加稳压电容
逆变回路	频率控制	频率控制	频率、电压控制
制动形式	回馈制动	能耗制动	能耗制动
用途	无刷直流电动机控制	永磁同步电动机、感应电动机控制	

　　电流控制型与电压控制型逆变一般用于交通运输、矿山、冶金等行业的大型变频器,如高速列车、大型轧机等;常用的中、小型机电设备控制用的变频器与交流伺服驱动器通常都采用 PWM 控制型逆变。

　　在采用了 PWM 技术后,只要改变脉冲的宽度与分配方式,便可以达到同时改变电压、电流的幅值与频率的目的,它是当前变频器与伺服驱动器都常用的方式。PWM 控制具有开关频率高、功率损耗小、动态响应快等优点,是交流调速技术发展与进步的基础。

8.3　伺服驱动控制系统的典型应用

　　本节介绍固高科技有限公司研制开发的 XY 平台的伺服驱动与控制系统。

8.3.1　XY 平台系统的组成

1. 机械结构

GXY 系列工作台由四轴运动控制器、电动机及其驱动、电控箱、运动平台等部件组成。机械部分是一个以滚珠丝杠进行传动的模块化十字工作台,可以完成目标轨迹和动作。GXY系列线性模块主要包括:工作台面、滚珠丝杆、导轨、轴承座、基座等部分,为了实现对运动轨迹和工作效果的记录,该系统中还安装了笔架以及绘图装置,笔架能够通过电磁铁的通、断电被抬高或降低,这一通、断电的行为实际上是由控制卡经由I/O口所发出的指令。

2. 执行装置

按照驱动和控制精度的不同可以选择三类不同的伺服电动机,如图8-30所示。

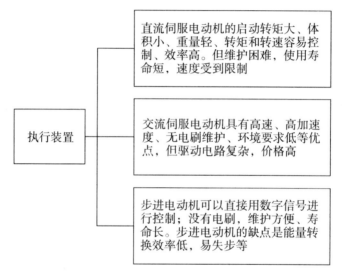

图 8-30 执行装置的类型

若采用交流伺服电动机充当执行装置,则其位置传感器可以选择增量码盘,且应将其安装于电动机轴上,这样可以实现对机械部分移动距离的间接测定,要想实现直接测定,那么应该配备可以测定直线位移的装置,如光栅尺。

3. 控制装置

图8-31为一伺服控制系统的典型应用。系统包括GO-400运动控制器、伺服电动机、伺服驱动器、光电编码器、原点开关、正/负限位开关。伺服电动机将其控制电流转换成电动机的转矩驱动工作台运动。GO-400运动控制板可实现直流或交流伺服电动机的速度和位置控制。与GO-400运动

控制器接口的伺服电动机驱动器需为模拟输入。运动控制器的 DAC 产生 16 位分辨率的模拟控制信号,其信号的大小和符号控制伺服电动机的速度和方向。光电编码器将伺服电动机和步进电动机的运动转换为 A、B 两路相位差为 90°的脉冲序列,并以差动输出方式反馈给运动控制器。GO-400 运动控制器接收光电编码器的反馈信号,倍频计数得到伺服电动机的实际速度和位置。光电编码器输出采用差动方式可以有效地抑制信号传输线上的电气噪声对信号的影响。

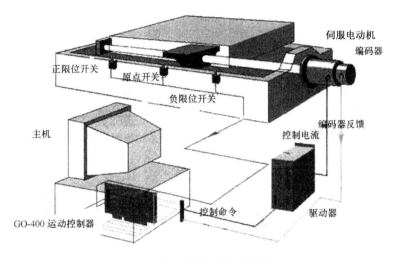

图 8-31　GT 运动控制器典型应用

(1)控制系统

控制装盒子主要由 PC 机、GT-400-SV(或 GT-400-SG)运动控制卡和相应驱动器等部件构成。其中,运动控制卡主要负责接收由 PC 机发送的相关指令,如位置和轨迹指令,并将其处理为能够被伺服驱动器接收的指令,再发送到伺服驱动器,经由一系列处理以及放大,最后发送到执行装置。GXY 系列 XY 平台控制系统采用基于 PC 和 DSP 运动控制器的开放式控制体系,主要由普通 PC 机、运动控制卡、电控箱、伺服(或步进)电动机及相关软件组成。GXY 系列控制系统结构如图 8-32 所示。

(2)驱动装置

交流伺服型电控箱内装有交流伺服驱动器、开关电源、断路器、接触器、运动控制器端子板和按钮开关等。直流伺服型电控箱内装有直流伺服驱动器、开关电源、断路器、接触器、运动控制器端子板和按钮开关等。步进型电控箱则装有步进电动机驱动器、开关电源、运动控制器端子板和船形开关等。

（3）GO-400 四轴运动控制器

GO-400 四轴运动控制器是一块低成本的通用型运动控制 I/O 卡，这一运动控制器是以 IBM-PC 及其兼容机为主机的标准 ISA 总线运动控制卡。与传统控制卡不同的是控制卡并未使用微控制器或数字信号处理器，而是采用门阵列电路 FPGA 实现了硬件资源以及主机接口管理。这一改变使得控制卡具有低成本、低复杂性、开放的优点，而且还能够进行更加有针对性的控制算法，进而实现不同的操控性。在实际操纵中，若要采用 GO-400 四轴运动控制器，用户需要一台 IBM-PC 及其兼容机、一块控制卡、屏蔽电缆、至少一块端子板、伺服电动机及驱动器和外部接口电源等硬件。这些部件之间的连接如图 8-32 所示。

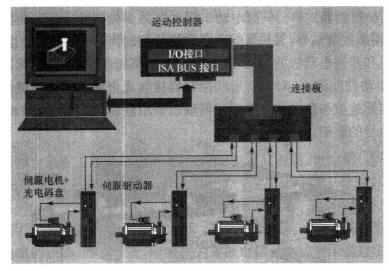

图 8-32　四轴运动控制系统框图

8.3.2　交流伺服系统在数控皮革裁剪机中的应用

1. 数控皮革裁剪机的工作原理

如图 8-33 所示为数控皮革裁剪机示意图，进行皮革裁剪的工作原理为，将多层皮革置于工作台的毛刷上，在两两裁片间均打出工艺孔这样可以使多层皮革具有较高的透气性。利用真空泵进行吸气操作，使皮革的刚性增强，不至于发生滑动而影响裁剪操作。裁剪时，需要将刀头至于起始处，然后下压刀盘进行裁剪。而刀片的操纵是由电动机带动，如图 8-34 所示为裁剪刀片示意图。

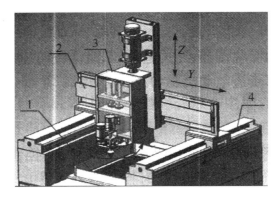

图 8-33　数控皮革裁剪机示意图

1—工作台；2—横梁；3—刀头；4—导轨

2. 数控皮革裁剪机的伺服系统

数控皮革裁剪机共含有四个伺服电动机，如图 8-35 所示：带动工作台平面运动的有两个伺服电动机——X 轴方向和 Y 轴方向；带动片状刀具沿运动轨迹发生偏转运动的一个伺服电动机——Z 轴转向；带动输送皮革至指定加工位置的一个伺服电动机。在不影响数控皮革裁剪加工精度的前提条件下，为简化设计，各个伺服电动机均采用伺服电动机本身带有的数字编码器进行位置、速度、加速度反馈，即半闭环控制方式。

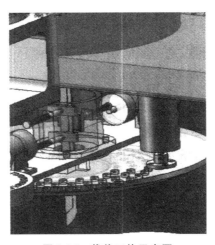

图 8-34　裁剪刀片示意图

由于该裁剪系统对精度要求不是很高，而对速度要求较高，因此，本伺服系统中选用了半闭环伺服控制系统：采用交流伺服电动机作为驱动装置，使用编码器反馈信号，构成速度模式的半闭环伺服控制系统。

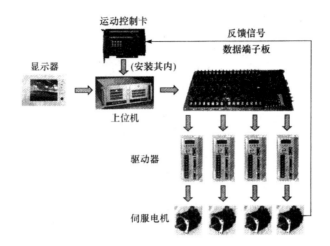

图 8-35　数控裁剪机伺服系统组成

8.4　常用位置检测装置

8.4.1　旋转变压器

旋转变压器又称为同步分解器,多安装在进给丝杠的一端,用以直接测量丝杠的转角,或通过齿轮齿条传动机构来间接测量移动件的直线位移。

1. 结构与工作原理

旋转变压器分为有刷和无刷两种。在有刷旋转变压器结构中,定子与转子上均为两相交流分步绕组,两相绕组轴线分别相互垂直,转子绕组的端点通过电刷和集电环引出。如图 8-36 所示为有刷旋转变压器结构。

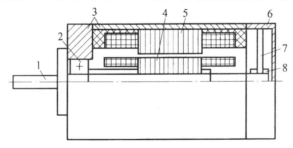

图 8-36　有刷旋转变压器结构

1—转轴;2—轴承;3—机壳;4—转子;5—定子;

6—端盖;7—电刷;8—集电环

如图 8-37 所示为无刷旋转变压器结构,由两大部分组成:一部分称为分解器,其结构与有刷旋转变压器基本相同;另一部分称为变压器,它的一次绕组绕在与分解器转子轴固定在一起的线轴上,与转子一起转动,它的二次绕组绕在与转子同心的定子轴线上。

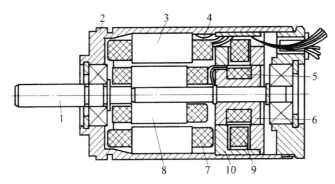

图 8-37   无刷旋转变压器结构

1—转子轴;2—机壳;3—定子;4—绕组;5—一次线圈;
6—变压器转子;7—绕组;8—转子;9—二次线圈;10—定子线轴

总之,旋转变压器的结构与绕线式异步电动机相似。当定子绕组通以励磁电压时,则在转子绕组中产生感应电动势。感应电动势的幅值和频率与定子励磁电压的幅值与频率相同,而输出电压的幅值随相位作周期性的变化。因此,检测输出电压即可得到其实际转角。

由于旋转变压器具有上述结构,这使得定子和转子之间气隙内的磁通分布完全满足正弦规律,所以在定子绕组上施加一定的电压后,发生电磁耦合,此时转子绕组两端产生感应电动势,如图 8-38 所示。定子的输出电压受转子角位移的影响,可以按照下式计算绕组两端的感应电动势:

$$E_1 = nU_1\sin\theta = nU_m\sin\omega t\sin\theta \qquad (8-20)$$

式中,n 为变压比;U_1 为定子的输出电压;U_m 为定子最大瞬时电压。

当转子转到两磁轴平行时,即 $\theta = 90°$ 时,转子绕组中感应电动势最大,即

$$E_1 = nU_m\sin\omega t \qquad (8-21)$$

2. 旋转变压器的应用

在实际应用中通常采用正弦、余弦旋转变压器。其定子、转子绕组中各有互相垂直的两个绕组,如图 8-39 所示。当励磁绕组用两个相位相差 $90°$ 的电压供电时,应用叠加原理,在二次侧的一个转子绕组中磁通量为(另一绕组短接)

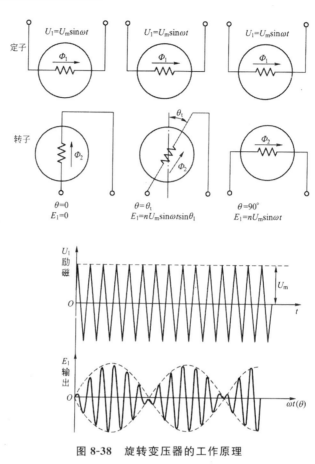

图 8-38　旋转变压器的工作原理

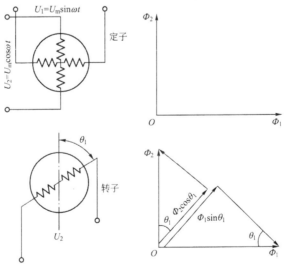

图 8-39　正弦、余弦旋转变压器

$$\Phi_3 = \Phi_1 \sin\theta_1 + \Phi_2 \cos\theta_2 \tag{8-22}$$

而输出电压为

$$U_3 = nU_m \sin\omega t \sin\theta_1 + nU_m \cos\omega t \cos\theta_1$$
$$= nU_m \cos(\omega t - \theta_1) \tag{8-23}$$

由此可知，当励磁信号 $U_1 = U_m\sin\omega t$ 和 $U_2 = U_m\cos\omega t$ 施加于定子绕组时，旋转变压器转子绕组便可输出感应信号 U_3。若转子转过角度 θ_1，那么感应信号 U_3 和励磁信号 U_2 之间一定存在相位差，这个相位差可通过鉴相器检测出来，并表示成相应的电压信号。

8.4.2　感应同步器

感应同步器分为直线感应同步器和圆感应同步器，用于测量线性位移和角位移，其检测精度高、成本低、性能可靠，维护安装方便，应用广泛。感应同步器又称精密位移传感器。

1. 感应同步器的结构与工作原理

感应同步器结构可看成是多极旋转变压器展开形式。图 8-40 为感应同步器的结构原理。

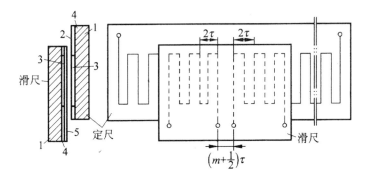

图 8-40　感应同步器的结构原理

1—钢质基尺；2—耐切削液涂层；3—粘贴铜箔；

4—绝缘黏结剂；5—铝箔

对于定尺以及滑尺所在的基板，有一定的要求，需要其选用钢板的热胀系数和机床床身材料的热胀系数接近，将铜箔依靠绝缘黏结剂固定在钢板上，通过照相腐蚀工艺将其制成印制绕组，最后还需在定尺和滑尺的表面覆盖保护层。滑尺表面有时还贴上一层带绝缘的铝箔，以防静电感应。

使用时，在滑尺绕组通以一定频率的交流电压，由于电磁感应，在定尺绕组中产生感应电动势,其幅值和相位取决于定尺与滑尺的相对位置,如图 8-41 所示。

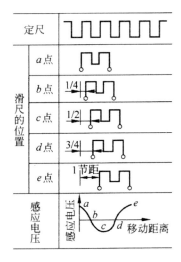

图 8-41 感应同步器的工作原理

若滑尺与定尺两者的绕组交叠时,如 a 点,此时的绕组全部耦合,形成的感应电压值最大。滑尺发生移动,所形成的感应电压会随之降低,当移动到 1/4 节距的 b 点时,感应电压的数值减小到零。滑尺继续移动到 1/2 节距的 c 点时,所形成的感应电压与在 a 点位置时一致,不过两者极性不同。接着滑尺移动到 3/4 节距的 d 点时,感应电压的数值又回到零,最后滑尺移动到一个节距的 e 点时,其感应电压与 a 点一致。总体来看,在滑尺移动整个节距的过程中,所形成的感应电压的数值形成了一个余弦曲线形状。同理,因余弦绕组与正弦绕组错开 $\frac{\pi}{2}$ 的相位角,由余弦绕组激磁在定尺上产生的感应电压应按正弦规律变化。定尺上的总感应电压是上述两个感应电压的线性叠加。定尺和滑尺绕组相对移动距离为 x 时,则对应的感应电压将变化一个相位角 $\theta_{机}$,可得比例关系:

$$\frac{\theta_{机}}{2\pi} = \frac{x}{2\tau} \tag{8-24}$$

2. 鉴相测量方式

在滑尺的正弦绕组和余弦绕组分别通以幅值相等、频率相等、相位相差 90° 的交流电压:

$$\begin{cases} U_S = U_m \sin\omega t \\ U_C = U_m \cos\omega t \end{cases} \tag{8-25}$$

按照叠加原理,感应电动势:

$$U_0 = KU_m(\sin\omega t\cos\theta - \cos\omega t\sin\theta) = KU_m\sin(\omega t - \theta) \qquad (8-26)$$

式中

$$\theta = \frac{2\pi x}{P}$$

因此,在一个节距内 θ 与 x 是一一对应的,通过测量定尺感应电动势相位 θ,即可测得定尺对滑尺的位移 x。

3. 鉴幅测量方式

在滑尺的正弦绕组和余弦绕组分别通以频率相同、相位相同,但幅值不同的交流电压:

$$U_S = U_m\sin\alpha_{电}\ \sin\omega t, U_C = U_m\cos\alpha_{电}\ \cos\omega t \qquad (8-27)$$

若滑尺相对定尺移动一个距离(设对应的相移为 $\alpha_{机}$),在定尺上的感应电动势为

$$
\begin{aligned}
U_0 &= KU_m\sin\alpha_{电}\ \sin\omega t\cos\alpha_{机} - KU_m\cos\alpha_{电}\ \sin\omega t\sin\alpha_{机} \\
&= KU_m\sin\omega t\sin(\alpha_{电} - \alpha_{机})
\end{aligned}
\qquad (8-28)
$$

若电气角 $\alpha_{电}$ 已知,只要测出 U_0 的幅值 $KU_m\sin\omega t\sin(\alpha_{电} - \alpha_{机})$,便可求出 $\alpha_{机}$。

①若 $\alpha_{电} = \alpha_{机}$,则 $U_0 = 0$。说明电气角 α 的大小就是角位移的值。

②假定励磁电压的 $\alpha_{电}$ 与定尺、滑尺的实际位置 $\alpha_{机}$ 不一致,设 $\alpha_{机} = \alpha_{电} + \Delta\alpha$,则得

$$
\begin{aligned}
U_0 &= KU_m\sin\omega t\sin(\alpha_{电} - \alpha_{机}) \\
&= KU_m\sin\omega t\sin(\alpha_{电} - \alpha_{机} - \Delta\alpha) \\
&= -KU_m\sin\omega t\sin\Delta\alpha
\end{aligned}
\qquad (8-29)
$$

在 $\Delta\alpha$ 很小时,$\sin\Delta\alpha \approx \Delta\alpha$,故上式可近似表示为

$$U_E = -KU_m\sin\omega t \cdot \Delta\alpha$$

可以导出

$$\Delta\alpha = \frac{2\pi\Delta x}{P} \qquad (8-30)$$

所以

$$U_E \approx -KU_m\sin\omega t \cdot \Delta\alpha = -\left(K\frac{2\pi}{P}U_m\sin\omega t\right)\Delta x \qquad (8-31)$$

总体上来说,感应同步器的测量精度高,在感应同步器绕组的每个周期内,测量信号与绝对位置有一一对应的单值关系,不受干扰影响,工作可靠、抗干扰能力强。同时,定尺、滑尺之间无接触磨损,维护简单,寿命长。对于

大、中型机床可以多段接续,测量距离长。

但是,与旋转变压器相比,感应同步器的输出信号比较微弱,需要一个放大倍数很高的前置放大器。使用时要加防护罩,必须防止切屑进入定、滑尺之间,划伤导片。感应同步器对于环境要求严格,不能有灰尘、油雾等。

8.4.3　光栅

光栅是一种利用光电原理来测量位置的非接触式位置检测元件,可以用来测量长度、角度、速度、加速度、振动和爬行等。闭环控制的数控机床,光栅用于直线位移和角位移的检测(直线光栅和圆光栅),重要的测试参量为直线位移、角位移和速度。

1. 光栅检测装置的结构

图 8-42 为光栅的外形与结构示意。

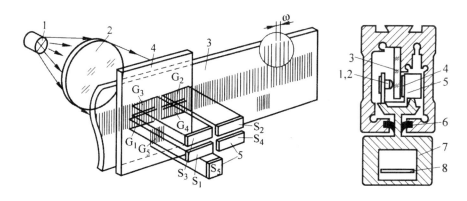

图 8-42　光栅的外形与结构示意
1—光源;2—透镜;3—标尺光栅;4—指标光栅;5—光敏元件;
6—密封橡胶;7—读数头;8—放大电路

通常采用长条形的光学玻璃或金属镜面来制作光栅,需要在其表面刻上垂直于运动方向的线条,并且线条的间距应保持一致。线条的间距称为栅距,往往依据测量精度确定。两块光栅相互平行并保持一定间隙(通常为0.05mm 或 0.10mm),具有一致的刻线密度。

2. 光栅检测装置的工作原理

(1)莫尔条纹
若指示光栅和标尺光栅两种线纹以较小角度 θ 交叉放置,会出现两光栅尺线纹两两交叉的现象,在光照条件下,相交区域会出现重叠的黑线,进而得到黑色条纹,而其他区域则出现了明亮条纹。此种条纹即称作莫尔条纹。莫尔条纹与光栅线纹几乎成垂直方向排列,严格地说,是与两片光栅线纹夹角的平分线相垂直,如图 8-43 所示。

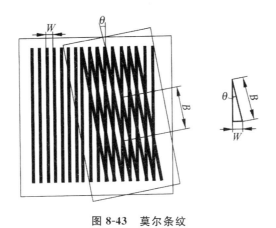

图 8-43　莫尔条纹

用平行光束照射光栅时,莫尔条纹由亮带到暗带、再由暗带到亮带,透过的光强度分布近似于余弦函数。如用 W 表示莫尔条纹宽度,P 表示栅距,θ 表示光栅线纹之间的夹角,则

$$W = \frac{P}{\sin\theta} \tag{8-32}$$

由于 θ 角很小,$\sin\theta \approx \theta$,则

$$W = \frac{P}{\theta} \tag{8-33}$$

若 $P = 0.01\mathrm{mm}$,$\theta = 0.10\mathrm{rad}$,则由上式可得 $W = 1\mathrm{mm}$,即把光栅转换成放大 100 倍的莫尔条纹宽度。

莫尔条纹的显著特点是具有"平均效应",即起平均误差作用。莫尔条纹是由许多条刻线同时生成,制造缺陷引起的条纹间断、条纹宽度差别并不能对莫尔条纹产生太大影响。

（2）光栅信号的处理

首先,是测量精度的提高。一种方法是增加光栅条纹的密度。但是,如果条纹密度超过 200 条/mm,则制造困难,因此,在实际测量系统中一般是通过与光栅配套的"前置放大器"进行信号的电子细分处理,来提高光栅的测量精度。

对于运动方向与速度检测:光栅的运动方向可以通过检测相位确定,光栅的速度可以通过对输出脉冲的 D/A 转换直接实现,单位时间内的输入脉冲数便代表光栅的移动速度。

其次,是绝对位置的确定。光栅的输出信号为以节距为周期的信号,转换后的计数脉冲数量实际上只能反映运动距离而不能确定实际位置(绝对位置),因此,它是一种"增量式"的位置检测信号。为此,光栅上需要每隔一定的距离增加一组零标记刻线,以便 CNC 通过参考点操作,建立机床坐标系、计算与确定绝对位置值。

(3)绝对光栅

绝对光栅有绝对位置编码光栅与带绝对零点参考标记光栅两种。带绝对零点参考标记的光栅在标尺光栅上增加了位于两个"零位脉冲"之间的"绝对零点参考标记",亦称距离编码标记,如图 8-44 所示,其绝对位置可通过"零位脉冲"与"绝对零点参考标记"之间的间隔直接反映,光栅的计数仍可通过增量刻度进行。绝对光栅的"零位脉冲"与"绝对零点参考标记"重合点即为绝对零点,绝对零点是虚拟的零点,它可能在远离实际标尺光栅的位置上。

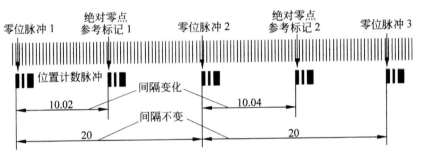

图 8-44 绝对式光栅示意图

绝对光栅使用时,为了识别零点参考标记,机床只要任意移动两个以上的零位脉冲间隔,便能够确定绝对零点,因此,机床坐标原点的建立比增量式光栅要方便得多。

第9章 数控机床的机械结构

数控机床的机械结构是指数控机床的本体部分,数控机床的各种运动和动作最终都由机械部件来执行,实现数控机床的加工。其中,数控机床的主运动和进给运动由主传动系统和进给传动系统来执行,辅助运动则由辅助装置来完成。本章首先介绍了数控机床对机械结构的要求,然后阐述了数控机床的主传动系统和进给传动系统的特点及其主要部件的构成,最后重点介绍了辅助装置中的回转工作台、分度工作台的结构和原理。

9.1 数控机床的结构及性能的实现

9.1.1 数控机床的机械结构组成

1. 基本组成

数控机床在加工过程中不能随意停机,要完全按照预先编好的程序进行长时间工作,这就要求机床结构适应长时间、大切削力、持续振动等工况,并能稳定、可靠地加工工件,这对于机床的机械结构要求很高。数控机床机械结构的基本组成如图9-1所示。

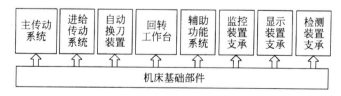

图 9-1 数控机床的机械结构系统组成

（1）机床基础部件

实际应用中,要求数控机床既能够承受最大切削力,能够保证较高的精度,因而,需要机床部件能够在强度、刚度、抗震性、热变形和内应力等方面达到较高的标准。

（2）主传动系统

在保证达到加工刀具和工件的切削功率的同时，还应于最大的转速范围内确保以一定的功率输出。若要令数控机床达到最合适的切削速度，主传动应该实现在较宽的范围内达到无级变速。数控机床应用了高性能的直流或交流无级调速主轴电机，传动链大为简化。

（3）进给传动系统

由伺服电机驱动，通过滚珠丝杠带动刀具或工件完成各坐标方向的进给运动。

（4）辅助功能装置

设置能实现某些动作和辅助功能的系统和装置，如液压、气动、润滑、冷却等系统及自动排屑器、防护装置和刀架、自动换刀装置、数控回转工作台。

（5）特殊功能装置

优化配置特殊功能装置，如监控装置、加工过程图形显示及精度检测等的支承件。

还有一些机床附件，是配合机床实现自动化加工的，如对刀仪、全封闭安全防护罩、操作面板、操作手柄、手轮等。

结构优化反映数控机床内在功能的深层特性。从产业化上讲，以下几个方面要加以注意：

①机床的精度、刚度、使用的可靠性是核心指标。

②要采用先进、标准的刀具系统，自动换刀装置的安装位置要合理。

③应注意采用整套商品化、标准化的新型配套件，实现自动排屑、润滑和冷却等。

④机电系统与软件装置匹配，易于实现高精度、高效率、高自动化和机电液一体化。

⑤在安全防护性及环保等方面提高要求，要达到相关标准的规定。

2. 典型机床的结构设计

（1）数控车床

数控车床结构主要含床身、主轴箱、刀架、进给传动系统、液压、冷却、润滑系统等部分。数控车床床身导轨与水平面的相对位置布局如图 9-2 所示。

图 9-2(a)为水平床身。配上水平放置的刀架，刀架的运动精度高，工艺性好，便于导轨面的加工。但水平床身空间小，排屑困难，由于刀架平铺使得滑板横向尺寸较小。

图 9-2(b)为平床身斜滑板。水平床身配上倾斜放置的滑板、导轨及防护罩,实际运动空间加长,且排屑方便。

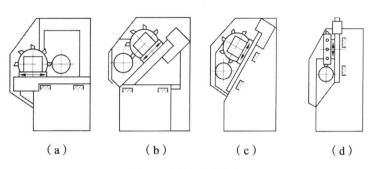

（a）   （b）   （c）   （d）

图 9-2   数控车床布局
(a)水平床身;(b)平床身斜滑板;(c)斜床身;(d)立床身

图 9-2(c)为斜床身。配上倾斜放置的滑板其排屑更容易,从工件上切下的炽热切屑不会堆积在导轨上,便于安装自动排屑器,易于实现自动化。

图 9-2(d)为立床身。具有占地面积小、容易实现封闭式防护等特点,且可以实现更快速排屑。

（2）数控铣床的基本组成

1）立式数控铣床

立式数控铣床的主轴轴线垂直于水平面。立式数控铣床多为三坐标(X、Y、Z)联动铣床,其各坐标的控制方式主要有工作台纵、横向移动并升降,主轴不动方式。

2）卧式数控铣床

卧式数控铣床的主轴轴线平行于水平面。为了提高加工性能范围,通常采用增加数控转盘来实现 4 轴或 5 轴加工。这样,工件在一次加工中可以通过转盘改变工位,进行多方位加工。

（3）加工中心的基本组成

按照机床主轴布局形式划分,加工中心结构有立式加工中心(主轴轴心线为垂直状态设置)、卧式加工中心(主轴轴心线为水平状态设置)、龙门式加工中心(主轴多为垂直设置,配自动换刀装置、可更换的主轴头附件)。图 9-3 为几种卧式加工中心布局设计示意图。

图 9-4 所示为立式加工中心布局设计示意图,主轴箱沿立柱导轨上下移动实现 Z 轴坐标移动。立式加工中心还可以在工作台上安放一个第四轴 A 轴,以加工螺旋线类和圆柱凸轮等零件。

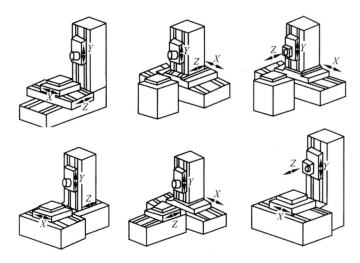

图 9-3 卧式加工中心布局设计示意图

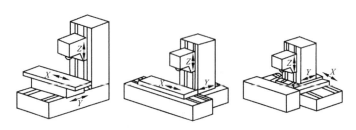

图 9-4 立式加工中心布局设计示意图

五面加工中心具有立式和卧式加工中心的功能。第一种方案是主轴旋转(90°),既可像卧式加工中心那样切削,也可像立式加工中心那样切削,另一种方案是工作台可带着工件一起作 90°的旋转,如图 9-5 所示。工件一次装夹下完成除安装面外的所有 5 个面的加工。加工中心更多坐标的设计方案,除 X、Y、Z 三个直线外,还包括旋转坐标(如 A、B),如图 9-6 所示为一卧式多坐标可联动加工的加工中心。

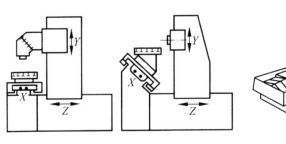

图 9-5 五面加工中心布局设计

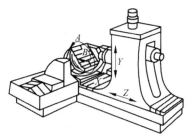

图 9-6 多坐标中心布局设计示意图

9.1.2　数控机床机械性能的实现

1. 提高机床的静、动刚度

由于机床床身、底座、立柱等支承件在切削力、重力、驱动力、惯性力、摩擦力等作用下产生的变形所引起的加工误差取决于它们的结构刚度。

提高机床静刚度的措施包括提高主轴部件的刚度、支承部件的整体刚度、各部件之间的接触刚度以及刀具部件的刚度等。如图 9-7(a)～(c)所示；如果尺寸较宽，应采用双壁连接，如图 9-7(d)～(f)所示；合理设计转台大小，增大刀架底座尺寸等。

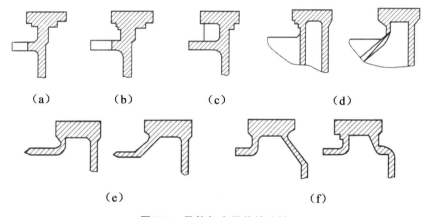

（a）　　　（b）　　　（c）　　　　　（d）

（e）　　　　　　　　　（f）

图 9-7　导轨与支承件的连接

提高其动态刚度的具体措施包括提高系统的刚度，增加阻尼以及调整构件的自振频率等。如采用钢板焊接结构，对铸件采用封砂结构以提高抗振性等。

2. 减少机床的热变形

由于数控机床按程序自动加工，在加工过程中不易进行热变形测量，故很难通过人工修正热变形误差，因此，热变形对数控机床的影响就尤为严重。

减少或控制数控机床热变形的常用措施如下。

①采用低摩擦系数的导轨和轴承可减少摩擦和能量损失；

②控制温升，通过良好的散热、隔热和冷却措施来控制温升；

③设计合理的机床结构和布局，如设计热传导对称的结构，以减少热变形；采用热变形对称结构，以减少热变形对加工精度的影响等。

对于数控车床的主轴箱,可以通过试验来确定热变形的方向,尽可能使刀具安装(切入)方向与主轴热变形方向垂直,以减少热变形对加工零件的影响,如图 9-8 所示。

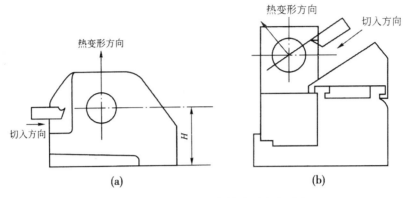

图 9-8　刀具切入方向与热变形方向垂直

3. 减少运动件的摩擦和消除传动间隙

采用滚动导轨或静压导轨,可减少运动件间的摩擦力,避免低速爬行。采用滑动-滚动混合导轨,一方面能减少摩擦阻力,另一方面还能改善系统的阻尼特性,提高执行部件的抗振性。在进给系统中,数控机床几乎毫无例外地采用滚珠丝杠代替普通滑动丝杠,这样可显著地减少运动副的摩擦。若采用无间隙滚珠丝杠传动和无间隙齿轮传动,可提高数控机床的传动精度。

9.2　数控机床的进给运动及传动机构

9.2.1　对进给运动的要求

数控机床对进给系统中的传动装置和元件有许多要求。

①运动件的摩擦阻力要小。如导轨必须摩擦力较小,耐磨性要高,通常采用滚动导轨、静压导轨等。

②具有较高的传动精度,系统刚度好。

③运动惯量小。转动惯量减小可使伺服特性改善。

④稳定性好,寿命长。要注重提高滚珠丝杠、伺服电动机及其控制单元

的性能。

　　⑤使用维护方便。

9.2.2　数控机床进给传动机构

　　如图 9-9 所示为闭环进给传动系统的机械装置构成。

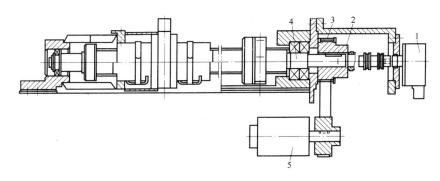

图 9-9　闭环进给传动系统的机械装置构成
1—脉冲编码器；2,3—同步齿形带轮；4—滚珠丝杠；5—伺服电机

　　闭环控制的整个机械传动链包括减速装置、丝杠螺母副等中间传动机构。运动功能的实现需要有位置比较、放大元件、驱动单元、检测反馈元件的配合。

1. 联轴器

　　联轴器是用来连接进给机构的两根轴使之一起回转，以传递扭矩和运动的一种装置。目前联轴器的类型繁多，有液力式、电磁式和机械式。机械式联轴器是应用最广泛的一种，包括：

　　(1)套筒联轴器

　　其构造简单，径向尺寸小，但装拆困难，且要求两轴严格对中，不允许有径向及角度偏差。

　　(2)凸缘式联轴器

　　可传递较大扭矩。若两轴间存在位移与倾斜时，就在机件内引起附加载荷，使工作状况恶化。

　　(3)挠性联轴器

　　采用锥形夹紧环来传递载荷，可使动力传递没有反向间隙。

　　图 9-10 为 Z 轴进给装置中电动机与丝杠连接的局部视图。1 为直流伺服电动机，2 为电动机轴，7 为滚珠丝杠。电动机轴与轴套 3 之间采用了

锥环 4 无键连接结构。锥面相互配合的内外锥环,当拧紧螺钉时,外锥环向外膨胀。内锥环受力后向电动机轴收缩,从而使电动机轴与轴套连接在一起。这种连接方式当锥环的内外圆锥面压紧后,可以实现无间隙传动,而且对中性较好,传递动力平稳。

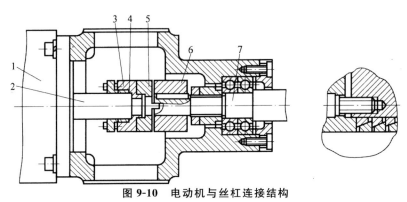

图 9-10　电动机与丝杠连接结构

1—直流伺服电机;2—电动机轴;3—轴套;4—锥环;

5—中间联轴器;6—轴套;7—滚珠丝杠

中间联轴器 5 有互相垂直的凸键和键槽,它们分别与轴套 3 和轴套 6 相配合,用于传递运动和转矩。在装配时,凸键与凹键的径向配合面要经过配研,消除反向间隙。

2. 减速机构

在数控机床伺服进给系统中,采用齿轮传动装置将高转速低转矩的伺服电机(如步进电机、直流或交流伺服电机等)的输出,改变为低转速大转矩的执行件的输出。

对于减速齿轮,消除或减少齿侧间隙的方法有多种,以下简要介绍刚性调整法及柔性补偿法。

(1)刚性调整法

要求严格控制齿轮齿厚及周节公差。调整齿侧间隙可采用偏心套式结构,通过转动偏心套来调整中心距,从而消除间隙;也有设计带有小锥度圆柱齿轮结构,通过调整垫片来消除间隙,锥角太大会恶化啮合条件;通过修磨两片齿轮间垫片来消除间隙,此结构只有一片齿轮承载,故承载能力小。

(2)柔性补偿法

调整完毕之后,齿侧间隙可以自动补偿。可设计圆柱齿轮双齿轮错齿消除间隙结构;也可采用弹簧调整法,采用可调拉力弹簧间隙。如图 9-11 所示,可设计轴向压簧消除间隙结构,两个锥齿轮相互啮合。

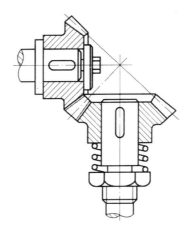

图 9-11　锥齿轮间隙调整法

3. 滚珠丝杠螺母副

滚珠丝杠传动的工作过程是,在丝杠和螺母上加工有半圆弧形的螺旋槽,当把它们套装在一道循环转动,因而迫使螺母(或丝杠)轴向移动,产生轴向位移,其结构原理如图 9-12 所示。

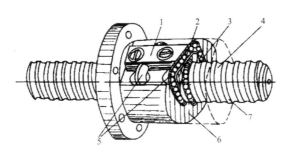

图 9-12　滚珠丝杠螺母副

1—压块;2—挡珠器;3—滚珠;4—螺纹滚道;

5—回路管道;6—螺母;7—丝杠

按螺旋滚道法向截面形状分为单圆弧形和双圆弧形。如图 9-13 所示。其中,单圆弧形状滚道形状简单,用成型砂轮磨削可得到较高精度;双圆弧形状的滚道接触稳定,加工较复杂,但性能较好。

9.2.3　数控机床的导轨设计

导轨是机床的基本结构要素之一,其主要功能是支承和引导运动部件

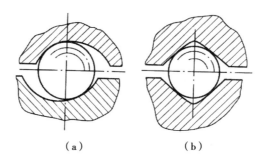

图 9-13 螺纹截面形状

(a)单圆弧；(b)双圆弧

沿着直线或圆周方向准确运动。与支承件连成一体固定不动的导轨称为支承导轨，与运动部件连成一体的导轨称为动导轨。

1. 滑动导轨的类型、结构

(1)滑动导轨的结构

图 9-14 所示为滑动导轨的常见截面形状，有矩形、三角形、燕尾槽形和圆柱形。

①矩形导轨［图 9-14(a)］。此种导轨承载能力强，制造简单，水平方向和垂直方向上的位置精度互不相关。

②三角形导轨［图 9-14(b)］。此种导轨两个导向面同时控制垂直方向和水平方向的导向精度。

③燕尾槽导轨［图 9-14(c)］。此种导轨高度值最小，能承受颠覆力矩；摩擦阻力较大。

④圆柱形导轨［图 9-14(d)］。此种导轨制造容易，磨损后调整间隙较困难。

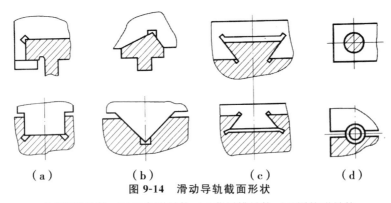

(a)　　　　(b)　　　　(c)　　　　(d)

图 9-14 滑动导轨截面形状

(a)矩形导轨；(b)三角形导轨；(c)燕尾槽导轨；(d)圆柱形导轨

（2）导轨材料

导轨材料主要有铸铁、钢、塑料以及有色金属。传统的铸铁-铸铁、铸铁-淬火钢的导轨副，其缺点是静摩擦力较大，如果启动力不足以克服静摩擦力，则工作台不能立即启动。

现代数控机床所采用的滑动导轨是铸铁-塑料或镶钢-塑料滑动导轨（统称为贴塑导轨）。常用聚四氟乙烯（PTFE）导轨软带和环氧树脂导轨涂层，摩擦特性好，耐磨性好，能防止低速爬行，对润滑油的供油量要求不高。塑料的阻尼性好，能吸收振动，运动平稳。

图 9-15 所示为贴塑导轨结构，刚度好，动、静摩擦系数差值小，在油润滑状态下摩擦系数约为 0.06，耐磨性好，使用寿命为普通铸铁导轨的 8～10 倍，无爬行，减振性好。

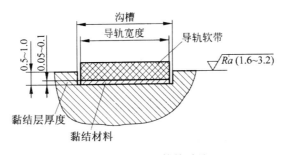

图 9-15　塑料导轨的黏结

软带是以聚四氟乙烯为基材，添加青铜粉、二硫化钼和石墨的高分子复合材料。软带粘贴在机床直线导轨副的短导轨面上，圆形导轨应粘贴在下导轨面上。塑料导轨软带较软，容易被硬物刮伤，因此应用时要有良好的密封防护措施。

2. 滚动导轨的结构设计

（1）滚动导轨的结构

图 9-16 所示为数控机床常用的直线滚动导轨示意图。滚动体可以大大降低摩擦系数，所需驱动功率小，摩擦发热少，精度保持性好，运动灵敏度高。适用于要求移动部件运动均匀、灵敏及实现精密定位的场合。

滚动导轨的缺点是结构复杂，抗震性差，必须要有良好的防护装置。滚动导轨的具体结构形式可分为滚珠导轨、滚柱导轨、滚针导轨和直线滚动导轨块（副）组件等。

图 9-17 所示为一种滚柱导轨块组件，其特点是刚度高、承载能力大。图 9-18 所示为单元滚动导轨块结构，多用于中等载荷的导轨。

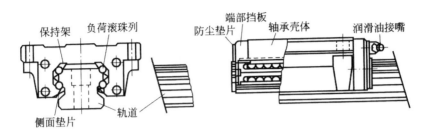

图 9-16　直线滚动导轨的外形和结构

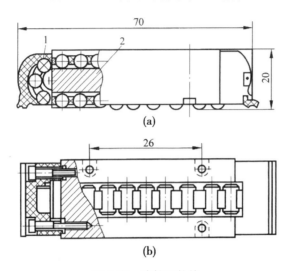

图 9-17　滚柱导轨块

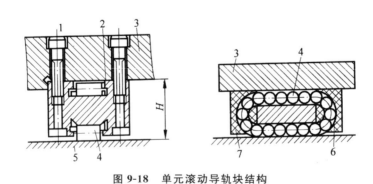

图 9-18　单元滚动导轨块结构

1—固定螺纹;2—导轨块;3—动导轨体;4—滚动体;

5—支撑导轨;6,7—带返回挡槽板

(2)滚动导轨预紧

预紧可以防止滚动导轨脱离接触,甚至翻转,提高滚动导轨的刚度和移动精度,防止滚动体脱落或歪斜。预紧的方法一般有以下两种。

1）采用过盈配合［图 9-19（a）］

在装配导轨时，量出实际尺寸 A，然后刮研压板与溜板的结合面或通过改变其间垫片的厚度，由此形成包容尺寸 $A-\delta$（δ 为过盈量，其数值通过实际测量决定）。

2）采用调整元件实现预紧［图 9-19（b）］

拧动调整螺钉 3，即可调整导轨体 1 及 2 的距离而预加负载，也可以改用斜镶条调整，则过盈量沿导轨全长的分布较均匀。

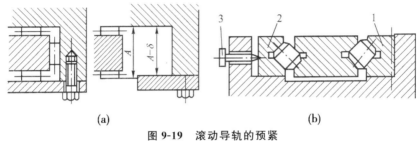

(a) (b)

图 9-19　滚动导轨的预紧

（a）采用过盈配合；（b）采用调整元件

1,2—导轨体；3—调整螺钉

3. 液体静压导轨

（1）开式静压导轨

依靠运动件自身重量及外载保持运动件不从床身导轨上分离，只能承受垂直方向的负载。图 9-20(a)中油泵 2 由电动机传动，油从油箱经滤油器 1 吸入，再经滤油器 4，通过节流器 5 进入运动轨道 6 与床身轨道 7 间的油腔内，溢流阀 3 起调节油压 P_s 作用，使经过节流后达到油腔压力 P_r，使运动件浮起，形成轨道面间的间隙 h_0，载荷增大时，运动件向下，使油膜间隙减小，使轨道面间的油液外流的阻力增大，由于节流器的调压作用，使油腔压力 P_r 随之增大，直至与载荷平衡时为止。

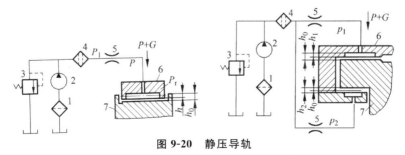

图 9-20　静压导轨

（a）开式静压导轨；（b）闭式静压导轨

（2）闭式静压导轨

油腔分布在床身导轨的各个方向，能用于颠覆力矩较大的场合[图 9-20(b)]。

由于液体静压导轨在两个相对运动的导轨面间通入压力油，运动件处于浮起状态，导轨面间充满润滑油形成的油膜，运动中是处于一种纯液体摩擦状态，摩擦系数极小。油膜具有误差均化作用，运动灵敏，位移精度和定位精度高，导轨精度保持性好，寿命长，而且油膜承载能力高，吸振性好。

9.3 数控机床的主传动及主轴部件

9.3.1 主传动系统的特点

数控机床的主传动由电机拖动。主传动运动是指机床产生切削的传动运动，直接参加表面成形运动，其主轴部件的刚度、精度、抗震性和热变形直接影响加工零件的精度和表面质量。

围绕主轴运动，数控机床的主传动系统要具有如下特点：

（1）能够实现主轴的高转速

能使数控机床进行大功率切削和高速切削，实现高效率加工。通常，数控机床主轴最高转速比同类型普通机床高出多倍。

（2）主轴部件具有较大的刚度

数控机床加工工艺范围广、使用刀具种类多、切削负载复杂（如强力切削），加工过程不能人为调整，而且要求一次装夹完成零件的全部或绝大部分切削加工，因此要求机床主轴部件必须有较大的刚度和较高的精度。

（3）主轴部件具有较高的精度

主轴运动速度高，调速范围宽，要适应各种加工工艺要求，加之重要的零件在数控机床上一次加工完成，主传动运动直接参加表面成形运动必须具有高精度和高可靠性。

9.3.2 主传动系统分类

1. 电机直接带动主轴旋转

其优点是结构紧凑、占用空间小、转换效率高；缺点是主轴转速的变化及转矩的输出和电动机的输出特性完全一致，因而在使用上受到限制。以下为几种直接驱动主轴传动的方式。

（1）调速电动机通过联轴器直接驱动主轴

如图 9-21 所示的主轴传动结构示意图。

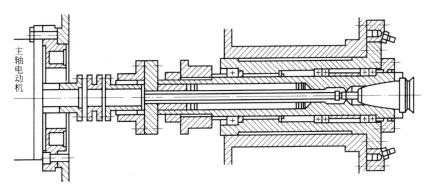

图 9-21　电动机通过联轴器直接驱动主轴传动结构图

（2）电动机轴即为主轴

即电主轴直接驱动方式，如图 9-22 所示。

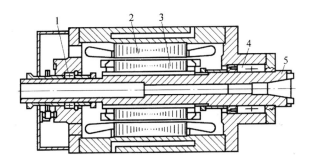

图 9-22　立式加工中心的电主轴结构示意图

1—后轴承；2—定子磁极；3—转子磁极；4—前轴承；5—主轴

一种电主轴的组成原理如图 9-23 所示。

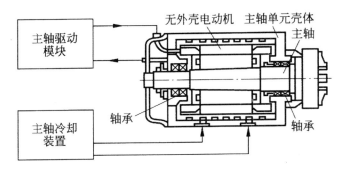

图 9-23　电主轴的组成原理

在结构设计中要认真推敲,并辅以各种性能测试方法,研究其性能指标和参数。一种内装电动机主轴结构设计方案见图 9-24。其中 1 为转子,2 为定子,3 为箱体,4 为主轴。

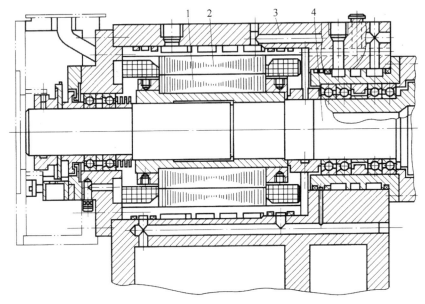

图 9-24　内装电主轴的主轴部件结构图

另外,该类型结构要做好电主轴的动平衡设计,注意以下几个方面:

①严格遵守对称性原则。

②禁止使用键连接、螺纹连接。电动机转子与机床主轴之间采用过盈配合来实现转矩的传递。

③为了实现装配后达到精确的动平衡,采用加工工艺措施:转子用热压法装入主轴以后,以主轴前、后轴颈为定位支承,将主轴装夹在精密车床上精车。

④电主轴组装后进行动平衡机测试,利用动平衡加载、调节、固化结构。

2. 电机经同步齿形带传动主轴

其优点是结构简单、安装调试方便,且在传动上能满足转速与转矩的输出要求;缺点是调速范围受到电机调速范围的限制。图 9-25 所示为车床主轴部件的带传动方式。

带传动是一种传统的传动方式。常见带的类型有 V 带、平带、多楔带和同步带。带传动主要应用在小型数控机床上,但它只能适用于低转矩特性要求。

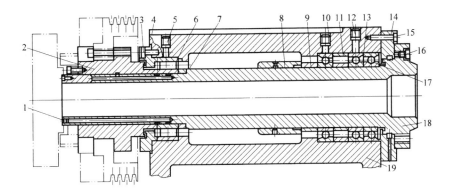

图 9-25 车床主轴部件的带传动方式

1,3,5,15,16—螺钉;2—带轮连接盘;4—端盖;6—圆柱滚珠轴承;

7,9,11,12—挡圈;8—热调整套;10,13,17—角接触球轴承;

14—卡盘过渡盘;18—主轴;19—主轴箱箱体

多楔带与带轮的接触好,负载分布均匀,即使瞬时超载也不会产生打滑,能够满足主传动要求的高速、大转矩和不打滑的要求。

另外,现代数控机床也使用同步带,张紧力小,使得轴的静态径向力减小,传动效率高,平均传动比准确,精度高,具有良好的减振功能,在高速加工中传动平稳。

3. 电机经齿轮传动变速再传动主轴

通过几对齿轮降速,确保低速时的转矩,以满足主轴输出转矩特性的要求,使得主轴获得高速段和低速段转速。机械变速机构常采用的是滑移齿轮变速机构,用液压拨叉移动滑移齿轮变速,它传递的功率和转矩大。也有采用电磁离合切换的齿轮变速机构。

图 9-26 所示为齿轮传动式主轴图。由两个电机分别驱动主轴,这是一种混合传动,高速时电机通过带轮直接传动主轴,低速时用另一电机经过两级齿轮传动,这样可以扩大变速范围,并且实现功能可靠。

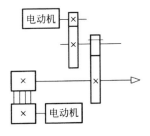

图 9-26 齿轮传动式主轴

9.3.3 数控机床主轴组件

数控机床的主轴部件,既要满足精加工时精度较高的要求,又要具备粗加工时高效切削的能力,因此在旋转精度、刚度、抗振动性和热变形等方面,对主轴部件都有很高的要求。数控机床的主轴部件除主轴、主轴支承轴承和传动件等一般组成部分外,还有刀具自动夹紧装置、主轴自动准停装置和主轴锥孔的吹屑装置等结构。

1. 主轴部件常用滚动轴承

图 9-27 所示为主轴常用的几种滚动轴承。

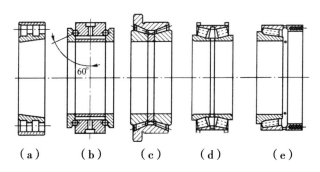

图 9-27 主轴常用的滚动轴承

(a)锥孔双列圆柱滚子轴承;(b)双列推力角接触球轴承;(c)双列圆锥滚子轴承;
(d)带凸肩的双列圆柱滚子轴承;(e)带预紧弹簧的圆锥滚子轴承

液体静压轴承和动压轴承主要应用在主轴高转速、高回转精度的场合,如应用于精密、超精密数控机床主轴、数控磨床主轴。对于要求更高转速的主轴,可以采用空气静压轴承和磁力轴承,可达每分数十万转的转速,并有非常高的回转精度。

2. 主轴轴承常用配置形式

目前数控机床主轴轴承的典型配置形式见图 9-28。

图 9-28(a)为双滚子-球轴承组合形式。前支承:双列圆柱滚子轴承、双向推力角接触球轴承组合;后支承:一对角接触球轴承。此形式主轴结构刚性最好,主轴的综合刚度大幅度提高,得到广泛采用。

图 9-28(b)为精密球轴承组合形式。前支承:三个超精密级角接触球轴承组合;后支承:两个角接触球轴承或用一个圆柱滚子轴承。圆柱滚子轴

承具有吸收热膨胀量的能力,在工作过程中主轴发热产生热膨胀时,后支承能沿轴向移动。而角接触球轴承在施加了预紧后,轴向不能移动,容易使轴承受损。这种配置使主轴具有转速范围大、最高转速高的特点,但承载能力较小,适用于高速、轻载和精密的主轴部件。

图 9-28(c)为精密圆锥滚子轴承组合形式。轴承径向和轴向刚度高,能承受重载荷,安装与调整性能好。

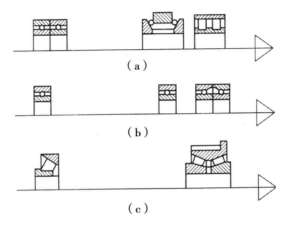

图 9-28　数控机床主轴轴承配置形式

图 9-29 所示为高速主轴轴承的常用配置形式。

主轴轴承的装配:一般采用选配定向法进行装配。轴承、主轴、支承孔等主轴组件可能存在制造误差,选配定向法装配,尽可能使主轴定位锥孔中心与主轴轴颈中心的偏心量和轴承内圈与滚道的偏心量接近,并使其方向相反,这样可使装配后的偏心量减小。在维修机床拆装主轴轴承时,做好周向位置记号,保证重新装配后轴承与主轴的原相对位置不变。

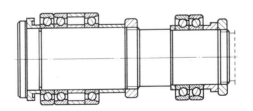

图 9-29　高速主轴轴承常用配置

具体的轴承组合结构还有多种。需要注意的是,主轴支承多采用背对背结构,与丝杠支承多采用面对面的结构不同(见图 9-30),应当结合机械设计、动力学等内容加以比较与分析。

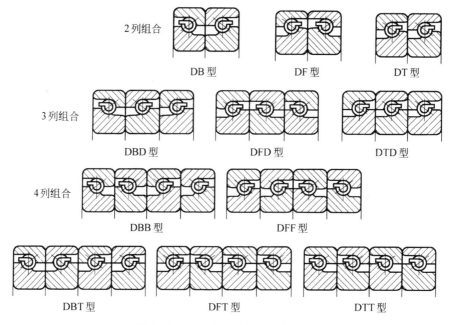

2列组合　DB型　DF型　DT型

3列组合　DBD型　DFD型　DTD型

4列组合　DBB型　DFF型

DBT型　DFT型　DTT型

图 9-30　丝杠支承的组合结构示例

另外,数控机床上采用的滑动轴承通常是静压滑动轴承。随着科学技术的发展,加工中心上开始使用磁力轴承,消除机械摩擦、磨损,无须润滑和密封,具有温升低、热变形小、转速高、寿命长等特点,正不断加以研究、开发和完善。

3. 主轴准停装置

图 9-31 所示为主轴电气准停原理,当停机时,磁开关闭合,实现准停。

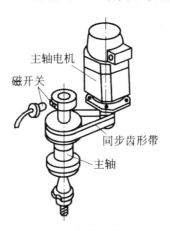

主轴电机

磁开关

同步齿形带

主轴

图 9-31　主轴电气准停

电气式的主轴准停装置设置在主轴的尾端,在结构设计方面较为复杂,需要考虑功能实现和准确性,一种结构设计参见图 9-32。一旦接收到数控装置发来的准停开关信号,主轴立即加速或减速至某一准停速度,主轴达到位置时(即固定装在支架上的永久磁铁 3 对准装在带轮 5 上的磁传感器 4),主轴立即减速至某一爬行速度。然后,当磁传感器信号出现时,主轴驱动立即进入磁传感器作为反馈元件的位置闭环控制,目标位置为准停位置,最后准确停止。

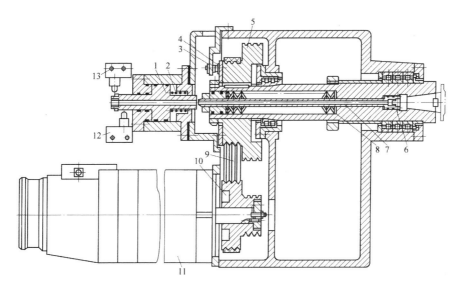

图 9-32　加工中心主轴的准停装置示意图

1—活塞;2—弹簧;3—永久磁铁;4—磁传感器;5—带轮;

6—钢球;7—拉杆;8—碟形弹簧;9—V 带;10—带轮;

11—电动机;12,13—限位开关

另外,机械准停设计原理见图 9-33。当系统接收到换刀指令时,主轴立即降到某一固定的低转速下运行,当主轴在最后一转时,发令开关发指令,使触头顶到主轴定位盘的缺口中,如果没有停准,即没有回答信号 LS2,系统即会发指令重复定位一次。一种具体的机械控制主轴准停装置结构见图 9-34。

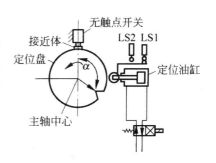

图 9-33　机械准停原理

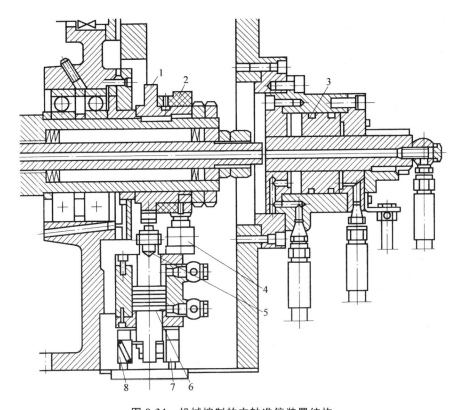

图 9-34　机械控制的主轴准停装置结构
1,2—凸轮;3—活塞;4—开关;5—定位滚子;6—定位活塞;
7—限位开关;8—行程开关

4. 刀具切屑清除装置

换刀同时还需要自动清除主轴孔内的灰尘和切屑。为了保持主轴锥孔的清洁,常采用的方法是使用压缩空气吹屑。为了提高吹屑效率,喷气小孔要有合理的喷射角度,并均匀布置。

9.4　数控回转工作台

一般地,高性能数控机床除具有 X、Y、Z 三个直线进给运动外,还有绕 X、Y、Z 轴的旋转圆周进给运动或分度运动。圆周进给运动由数控回转工作台来实现,分度运动由分度工作台来实现。

9.4.1　回转工作台结构

数控转台在外形上与分度台相似,但在控制及驱动上则类似于伺服进给系统。相当于机床增加了一个圆周方向的数控运动自由度。

开式数控转台使用步进电机或其他伺服电机驱动,没有检测元件和信号反馈,也没有为分度的定位元件。数控转台的转动角度是靠数控系统发出的脉冲数确定的。因此,必须保证传动元件的精度。闭式数控回转工作台使用转角检测元件,如圆光栅、圆感应同步尺或编码器等。

如图 9-35 所示,数控回转工作台由传动系统、间隙消除装置及蜗轮夹紧装置等组成。它由伺服电动机 1 驱动,经主动齿轮 2 和从动齿轮 4 带动蜗杆 9、蜗轮 10 使工作台回转。通过调整偏心环 3 来消除齿轮 2 和 4 的啮合侧隙。为了消除轴与套的配合间隙,通过楔形拉紧圆柱销 5(A-A 剖面)来连接齿轮 4 与蜗杆 9。蜗杆 9 采用螺距渐变蜗杆,蜗杆齿厚从头到尾逐渐增厚,这种蜗杆的左右两侧具有不同的导程。但由于同一侧的螺距是相同的,所以仍能保持正确的啮合。通过移动蜗杆的轴向位置来调节间隙,实现无间隙传动。蜗

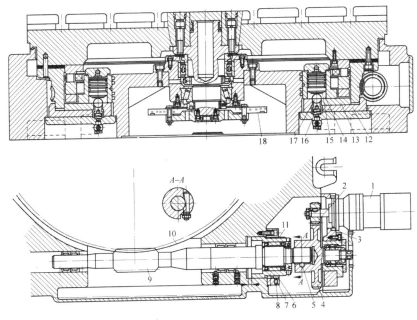

图 9-35　数控回转工作台的结构

1—电动机;2—主动齿轮;3—偏心环;4—从动齿轮;5—圆柱销;6—压块;
7—壳体螺母;8—螺钉;9—蜗杆;10—蜗轮;11—调整套;12,13—夹紧块;
14—液压缸;15—活塞;16—弹簧;17—钢球;18—圆光栅

轮、蜗杆调整间隙时,松开壳体螺母 7 上的紧锁螺钉 8,通过压块 6 将调整套 11 松开;之后,松开楔形拉紧销 5,转动调整套 11,调整套和蜗杆可以在壳体螺母 7 中作轴向转动,. 从而消除齿侧间隙。调整完成后,拧紧螺钉 8。蜗杆 9 的支承结构可实现左端轴向的自由伸缩,保证运转平稳。

当工作台需要回转时,数控系统发出指令,夹紧液压缸 14 的上腔的油流回油箱,钢球 17 在弹簧 16 的作用下向上抬起,夹紧块 12 和 13 松开蜗轮,这时蜗轮和回转工作台可按照控制系统的指令作回转运动。

为消除累积误差,数控回转工作台设有零点,通过感应块和无触点开关的作用使工作台准确停在零点位置上。

9.4.2 分度工作台

鼠牙盘式分度工作台主要由工作台面底座、夹紧液压缸、分度液压缸和鼠齿盘等零件组成,如图 9-36 所示。

鼠牙盘式分度工作台的优点是分度和定心精度高,分度精度可达 $\pm(0.5''\sim3.0'')$。由于采用多齿重复定位,从而可使重复定位精度稳定,而且定位刚性好,只要分度数能除尽鼠牙盘的齿数,必然都能分度。它适用于多工位分度,除用于数控机床外,还用在各种加工和测量装置中。其缺点是鼠牙盘的制造比较困难,此外,它不能进行任意角度的分度。

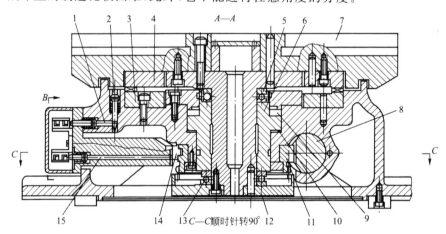

图 9-36 鼠牙盘式工作台

1,2,15,16—推杆;3—下鼠牙盘;4—上鼠牙盘;5,13—推力轴承;6—活塞;
7—工作台;8—齿条活塞;9—夹紧液压缸上腔;10—夹紧液压缸下腔;11—齿轮;
12—内齿圈;14,17—挡块;18—分度液压缸右腔;19—分度液压缸左腔;
20,21—分度液压缸进回油管道;22,23—升降液压缸进回油管道

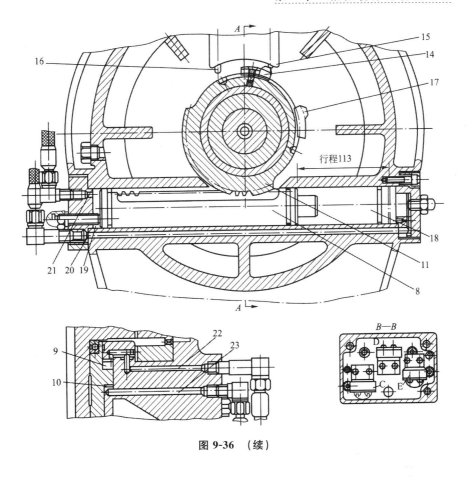

行程113

图 9-36　（续）

参 考 文 献

[1] 朱明松．数控加工技术[M].北京:机械工业出版社,2016.

[2] 胡郑重,罗圆智．数控机床编程技术[M].武汉:华中科技大学出版社,2016.

[3] 贾伟杰．数控技术及其应用[M].北京:北京大学出版社,2016.

[4] 胡建海,胡东方．数控技术及装备[M].3 版．武汉:华中科技大学出版社,2016.

[5] 杨义勇．现代数控技术[M].北京:清华大学出版社,2015.

[6] 周荃,张爱英．数控编程与加工技术[M].2 版．北京:清华大学出版社,2017.

[7] 卢文澈,韩伟．数控加工技术基础[M].西安:西安电子科技大学出版社,2016.

[8] 王爱玲,王俊元,马维金,等．现代数控机床伺服及检测技术[M].4 版．北京:国防工业出版社,2016.

[9] 沈兴全,赵丽琴,马清艳．现代数控编程技术及应用[M].4 版．北京:国防工业出版社,2016.

[10] 武文革,辛志杰,成云平,等．现代数控机床[M].3 版．北京:国防工业出版社,2016.

[11] 张吉堂,刘永姜,陆春月,等．现代数控原理及控制系统[M].4 版.北京:国防工业出版社,2016.

[12] 王彪,李清,蓝海根,等．现代数控加工工艺及操作技术[M].北京:国防工业出版社,2016.

[13] 林宋,白传栋,马梅．现代数控机床及控制[M].北京:化学工业出版社,2015.

[14] 魏永涛．数控加工与现代加工技术[M].北京:清华大学出版社,2011.

[15] 王正军,许军山．现代数控加工技术与编程[M].成都:西南交通大学出版社,2012.

［16］周兰,常晓俊．现代数控加工设备［M］.北京:机械工业出版社,2014.

［17］曹根基,周保牛,周岳．数控加工［M］.长沙:湖南科技出版社,2014.

［18］龚仲华．现代数控机床设计典例［M］.北京:机械工业出版社,2014.

［19］王睿鹏．现代数控机床编程与操作［M］.北京:机械工业出版社,2014.

［20］郁元正．现代数控机床原理与结构［M］.北京:机械工业出版社,2013.

［21］邓三鹏,刘朝华,石秀敏．现代数控机床调试及维护［M］.北京:北京大学出版社,2011.

［22］赵燕伟．现代数控技术与装备［M］.北京:科学出版社,2014.

［23］刘瑞已．现代数控机床［M］.西安:西安电子科技大学出版社,2011.

［24］龚仲华,靳敏．现代数控机床［M］.北京:高等教育出版社,2012.

［25］文怀兴,夏田．数控机床系统设计［M］.2版．北京:化学工业出版社,2011.

［26］于久清．数控车床/加工中心编程方法、技巧与实例［M］.2版．北京:机械工业出版社,2013.